Naturwissenschaftliche Elementarbücher.

Mineralogie

von

Karl F. Peters,

Professor der Mineralogie und Geologie an der Universität Graz.

Mit Abbildungen.

Durchgesehen von

H. Bücking,

Professor der Mineralogie an der Universität Straßburg.

Fünfte, von neuem durchgesehene Auflage.

Straßburg.

Verlag von Karl J. Trübner.

1911.

Vorwort.

Es ist nicht leicht, in der Sprache dieser Elementarbücher über Mineralogie zu lehren. Der völlige Verzicht auf einige Kenntnisse aus der Wissenschaft des Raumes, auf einige Bekanntschaft mit den alten Sprachen scheint von vornherein kaum vereinbar mit den Grundlehren der Mineralogie. Gleichwohl durfte man es wagen, junge Anfänger zur Betrachtung von Körpern einzuladen, deren Formen weder ausführlich benannt noch entwickelt werden.

Möglich war es jedoch nur in der Voraussetzung, daß der Leser dieses Bändchens mit dem Inhalte der über Chemie, Physik und über Geologie handelnden Elementarbücher genugsam vertraut sei, und daß er sich in eine wohlgeordnete Mineraliensammlung den Zutritt verschaffe. Einige nicht kostbare, aber sorglich zu wählende Mineralkörper wird er auch zu seinem freien Gebrauche erwerben müssen.

Ohne die in der Wissenschaft geläufigen Namen der Kristalle und der Mineralarten zu erfahren, wird er deren Eigenschaften kennen und jene als den Ausdruck besonderer Verhältnisse des Lichts, der Wärme u. s. w. auffassen lernen. Ein Hauptzweck ist die Erweiterung und Befestigung der

Kenntnisse über die Entwicklungsgeschichte der Erde, zu denen das Elementarbuch über Geologie den Grund legte.

Aufmerksame Betrachtung ziemlich vieler Mineralien und die zu gewinnende Einsicht in das Wesen der Eigenschaften einiger von ihnen sollen den Leser aufmuntern zu künftigen Studien über Mineralogie, auf deren Grundlage er einige Teile der Geologie dereinst genau wird verstehen lernen.

Graz, im Juli 1881.

Karl F. Peters.

Vorwort zur 5. Auflage.

Für die neue Auflage wurden sämtliche Abschnitte einer genauen Durchsicht unterzogen und viele notwendig erscheinende Änderungen vorgenommen. Neu hinzugefügt sind die Angaben über die künstliche Darstellung einzelner Edelsteine. Um das Aufsuchen und Nachschlagen zu erleichtern, wurde das alphabetische Verzeichnis am Schlusse des Bändchens wesentlich erweitert.

Straßburg i. Els., im Juli 1911.

H. Bücking.

Anm. Von den 46 Figuren dieses Bändchens sind mit gütiger Erlaubnis der Verlagsbuchhandlung von W. Engelmann in Leipzig 40 den in Naumann-Zirkel's Lehrbuch der Mineralogie enthaltenen nachgebildet.

Inhalt.

Mineralogie.

Einleitung.

1. Der Erdboden, auf dem Pflanzen und Tiere leben, setzt sich in seinem Untergrunde aus leblosen Stoffen mannigfacher Art zusammen. In Bergwerken, in Steinbrüchen, in Gruben und überall, wo auf künstlichem oder natürlichem Wege die Ackerkrume entfernt ist, trifft man auf diese leblosen Gebilde. Man bezeichnet sie, einerlei ob sie hart oder weich, ob sie feste Felsen oder lockere Schuttmassen bilden, als **Felsarten** oder **Gesteine**. So sind Sand, Kies, Ton und Lehm ebensowohl Gesteine wie Granit, Kalkstein oder Sandstein.

2. Manche Gesteine bestehen beinahe ganz aus Überresten abgestorbener Pflanzen und Tiere. So sind der Torf und die Braunkohle, von welchen in der „Geologie" (Elementarbuch, §§ 118 bis 134) die Rede war, Anhäufungen von allerlei in Verwesung übergegangenen Pflanzen; der Tiefseeschlamm (Geologie, § 141) und die Kreide (Geologie, § 30) sind aus den Überresten von einst lebenden Tieren gebildet.

Wieder andere Gesteine, wie z. B. der Muschelkalk und gewisse Sandsteine, enthalten nur vereinzelte tierische und pflanzliche Reste, hauptsächlich aber kleine Körner, die nicht von Organismen, nicht von Pflanzen oder Tieren herrühren, sondern aus steinartigem, anorganischem Stoffe bestehen. Ja, weitaus die meisten Gesteine, die wir finden, sind aus derartigen anorganischen Bestandteilen aufgebaut.

Betrachten wir einmal einige Gesteine, z. B. einen Granit und einen Marmor, etwa mit Hilfe eines Vergrößerungsglases, etwas genauer. Wir sehen dann, daß der Marmor aus lauter kleinen Körnern besteht, die wir als gleichartig bezeichnen müssen, da wir an ihnen keine Verschiedenheiten weder in der Farbe, noch sonst im Aussehen wahrzunehmen vermögen. Dagegen ist der Granit, wie bereits in der Geologie (§§ 27 u. 28) auseinandergesetzt wurde, aus mehreren Bestandteilen zusammengesetzt, die sich schon auf den ersten Blick durch ihre Farbe, ihre Größe, ihre Gestalt und ihre Härte unterscheiden.

Wie mit dem Marmor und dem Granit, so verhält es sich noch mit vielen anderen Gesteinen; sie sind entweder aus lauter gleichartigen oder aus mehreren verschiedenartigen Bestandteilen gebildet.

Alle diese einfachen Naturkörper, aus welchen die Gesteine bestehen, nennt man Mineralien.

3. Die Mineralien sind also die eigentlichen Bausteine, aus welchen die Erdrinde, die wir bewohnen, sich aufbaut. Im Gegensatz zu den Pflanzen und Tieren sind sie leblose, anorganische Körper. Während die Pflanzen und Tiere nahe miteinander

verwandt sind, ja in ihren einfachsten Formen gar nicht scharf von einander geschieden werden können, haben die Mineralien nichts mit jenen gemein. Pflanzen und Tiere nehmen Nahrung in sich auf, vergrößern sich und wachsen in allen ihren Teilen, bis sie vollständig entwickelt sind, und sterben dann ab. Die Mineralien dagegen wachsen nicht dadurch, daß sie Stoffe in sich aufnehmen, sich ernähren, sondern sie vergrößern sich nur durch Anlagerung gleichartiger Teilchen auf ihrer Außenseite und sterben nicht, wie die Pflanzen und Tiere, sondern behalten ihren Zustand so lange, bis sie durch chemische oder physikalische Vorgänge verändert oder zerstört werden.

Ihrer Mehrzahl nach sind die Mineralien starr oder fest. Nur wenige sind flüssig, wie das Quecksilber und das Petroleum. Auch das Wasser, das im gefrorenen Zustande, als Eis und Schnee, im Hochgebirge und in den Polargegenden große Teile der Erde bedeckt, wird, zumal in dem Zustand von Eis und Schnee, zu den Mineralien gerechnet.

Mit der Aufgabe, die Mineralien näher zu beschreiben, ihre unterscheidenden Merkmale anzugeben, ihre Bildung und Umbildung zu erörtern, beschäftigt sich eine besondere Wissenschaft, die Mineralogie. Es ist klar, daß diese Wissenschaft in enger Beziehung einerseits zur Geologie, anderseits zur Chemie und Physik stehen muß. Von den mächtigen Gesteinsschichten, welche die Geologie als Ganzes behandelt, erforscht die Mineralogie die einzelnen Bestandteile und bildet daher zum genaueren Studium der Geologie eine der wichtigsten Grundlagen.

Die Kristalle.

4. **Was sind Kristalle?** Schon bei oberflächlicher Durchmusterung einer Mineraliensammlung fällt das verschiedene Äußere, ganz abgesehen von der Farbe, an den einzelnen Mineralien auf; die einen erweisen sich als Zusammenhäufungen von vielen Körnchen, Fasern oder Blättchen, andere zeigen eine gleichförmige Masse mit gerundeten Flächen, wieder andere sind von glatten, mehr oder weniger ebenen Flächen begrenzt und bilden sogenannte Kristalle. Die Eigenschaft, Kristalle zu bilden, besitzen sehr viele Stoffe. Die glatten und ebenen Flächen, die sich an denselben finden, stoßen in Kanten zusammen; drei oder mehrere Kanten vereinigen sich in Ecken. Die Betrachtung solcher Ecken ist deshalb sehr wesentlich, weil wir an ihnen die Anordnung der Begrenzungsflächen am besten erkennen. Mit diesen Kristallen werden wir bei Betrachtung der Mineralien oft zu tun haben.

5. **Die Bedingungen ihrer Entstehung. Eisblumen, Reif und Schnee.** Die günstigen Umstände zur Bildung solcher Kristalle, deren Form einem Würfel, einer Säule oder, wenn drei oder mehr als drei jener Kanten in einem Punkte (einer Ecke) zusammenlaufen, einer Pyramide gleichen, sind dann gegeben, wenn sich die feinsten, unsichtbar kleinen Teilchen des Stoffes in freier Bewegung aneinander schließen können, d. h. wenn der Stoff sich in der Luft oder in einer Flüssigkeit gelöst oder selbst in flüssigem Zustande befindet. So bilden sich im

Winter sehr oft an den Zweigen der entblätterten Bäume, an den etwa noch vorhandenen Blättern, an Grashalmen und anderen Gegenständen, die der kalten, Wasserdunst enthaltenden Luft ausgesetzt sind, weiße Krusten — sogenannter Reif —, die aus Kristallen zusammengesetzt sind und an denen wir durch ein Vergrößerungsglas hier und da ebene Flächen bemerken. Die Eisblumen, die im Winter an unseren Fenstern entstehen, sind auch nichts anderes als gefrorener Wasserdunst; wir sehen aber deshalb an ihnen nicht glatte und ebene Flächen, weil sie sich viel zu rasch gebildet haben und Millionen von Kriställchen sich so einander drängten, daß keines sich frei entwickeln konnte. Die kleinen Kriställchen haben sich zu äußerst zierlichen, feinstrahligen Gebilden zusammengefügt, die mit Blättern von Pflanzen eine große Ähnlichkeit haben. Auch die feinen Sternchen von Schnee, die an ziemlich kalten Tagen aus der Luft fallen, sind Zusammenhäufungen von Kristallen; sie sind aber nicht so rasch, sondern unter weit günstigeren Bedingungen entstanden und deshalb vermag man an ihnen regelmäßige Formen, z. B. sechsstrahlige Sternchen, recht deutlich zu erkennen. Die Gesetze, nach denen sich solch regelmäßige Formen aufbauen, sind sehr genau bekannt und ergeben sich aus der Anordnung der Flächen, die der einzelne Eiskristall besitzt, der sich z. B. unter günstigen Bedingungen an den gemauerten Mündungen unserer Keller bei mäßiger Winterkälte bisweilen bildet.

Schöne Kristalle kann man auch erhalten, wenn man gewisse Salze, z. B. Bittersalz, Salpeter, Alaun und dergl. in Wasser löst und dann das Wasser der Lösung, etwa in einer frei an der Luft stehenden Schale oder auf einer Glastafel, allmählich verdunsten läßt.

6. Rohrzucker und seine Ausbildungsformen. Anwendung davon auf Mineralien. Der gewöhnliche Rohrzucker oder Hutzucker, wie er in Fabriken aus dem Zuckerrohre oder aus Runkelrüben erzeugt wird, befindet sich in feinkörnigem Zustande. Derselbe Stoff kommt aber noch in verschiedenen anderen Zuständen vor, deren Betrachtung besonders geeignet ist, uns mit dem Wesen der Kristalle vertraut zu machen. Lösen wir eine Anzahl von Zuckerstücken, z. B. 200 Gramm in einem Kilogramm Wasser auf. Dann erhalten wir durch Umrühren eine klare Lösung, Zuckerwasser. Schütten wir einen Teil davon in eine Porzellanschale, und setzen wir diese zu langsamer Erwärmung auf den Küchenherd oder über eine kleine bläulich brennende Flamme von Spiritus oder Kochgas, so bemerken wir bald, wie sich von der Oberfläche der Zuckerlösung Wasserdampf entwickelt. Die Flüssigkeit in der Schale nimmt zusehends ab. Würden wir über die Schale eine kühle Glasplatte gehalten haben, so hätten wir gesehen, daß sich zahllose Wassertröpfchen auf ihr ansammelten. In der klaren Lösung waren Zucker- und Wasserteilchen auf das innigste untereinander gemengt, nach obiger Gewichtsangabe ungefähr 2 Teilchen Zucker mit 10 Teilchen Wasser. Je mehr Dampf entweicht, um so mehr nimmt die Flüssigkeitsmenge in der Schale ab. Endlich ist die Flüssigkeit durch Entfernung der großen Mehrzahl der Wasserteilchen

so dick geworden, daß ein in sie getauchter Glasstab Fäden nach sich zieht. Man ist imstande, sie auf Flächen, z. B. auf Torten oder anderes Backwerk in der Form von Buchstaben und Verzierungen aufzutragen. Man nennt eine solche, sofort zu einer durchscheinenden Masse erstarrende Zuckerlösung und die aus ihr erzeugten Figuren gesponnenen Zucker. Diese Art des Zuckers wird von dem Konditor oft angewendet.

Die auf allerlei Unterlagen aufgetragene oder in eine Form gebrachte Masse bleibt aber nicht lange durchscheinend oder durchsichtig, sie wird vielmehr trübe und weiß, und wenn man die aus ihr gebildeten Formen nach Stunden oder Tagen zerbricht, so sieht man, daß sie körnig geworden ist, ganz ähnlich dem Zucker, den man vordem in Wasser löste. Die noch immer nicht ganz wasserlose Masse hat im Innern eine Umlagerung ihrer Teilchen durchgemacht; sie ist wieder zu körnigem oder kristallinischem Zucker geworden. In großen Massen erzeugt man aus nicht gereinigter, stark eingedickter Zuckerlösung den sogenannten Gerstenzucker, der anfangs auch gelblich durchscheinend ist, allmählich aber körnig und leichtbrüchig wird. Der gesponnene Zucker des Konditors und der frische Gerstenzucker sind gleichartige Massen, die wie Glas oder wie das unter dem Namen Opal bekannte Kieselmineral in unebenen, glänzenden Flächen brechen. Die Umlagerung ihrer feinsten Teilchen, die sich in ihnen binnen kürzerer oder längerer Zeit vollzieht, ist deshalb besonders lehrreich, weil sie auch an Mineralkörpern in der Erde in ähnlicher Weise wiederkehrt. Wir ersehen aus diesem

Vorgang, wie dergleichen Änderungen der Masse ohne Änderung der äußeren Form und ohne das Hinzukommen oder Entweichen von anderen Stoffen, ein wenig Wasser ausgenommen, möglich sind.

Gießen wir von jener Zuckerlösung, bevor sie dick wurde, einen Teil in ein Becherglas und bedecken dieses mit einem Blatt Papier, durch das wir ein Stäbchen von rohem weichen Holze stoßen und bis an den Grund des Glases in die Flüssigkeit tauchen. Dieses Glas stellen wir an einen mäßig warmen Ort und warten ab, was sich darin weiter begibt. Nicht allzu lange währt es, etwa zwei Tage, so beginnt an dem Holzstäbchen oberhalb der Flüssigkeit die Abscheidung krümlicher fester Massen. Je mehr die Flüssigkeit langsam verdunstet, um so größer werden diese Massen. Endlich erhalten sie ziemlich glatte und glänzende Flächen. Sie sind Kandiszucker, wie ihn der Leser im Kaufladen findet und von dem er sich einige gute Kristalle anschaffen möge.

Durch die Langsamkeit der Verdunstung des Wassers wurde es möglich, daß sich die Zuckerteilchen geordnet an einander schlossen, daß der in der Lösung befindliche Zucker in Kristallen sich aus derselben abschied. Die so entstandenen Kristalle wachsen weiter, d. h. sie vergrößern sich, bis alle Flüssigkeit verdunstet ist und eine Schicht von Kriställchen sich am Boden des Gefäßes abgesetzt hat.

Man könnte aber mit dem Rohrzucker noch etwas anderes vornehmen. Man könnte ihn an der Gasflamme oder auch an einer Kerzenflamme schmelzen und sich an der herabträufenden bräunlichen Masse davon überzeugen, daß sie ganz gleichförmig, in glänzenden und unebenen Flächen brüchig geworden ist. Solcher gebrannter Zucker ist allerdings nicht mehr ganz der gleiche Stoff wie der ursprüngliche körnige Rohrzucker. Die mit ihm vorgegangene Änderung ist aber so gering, daß wir davon absehen und behaupten dürfen, der gebrannte Zucker sei nichts anderes, als der durch Hitze veränderte Rohrzucker. Wir können daraus schließen, daß auch die in sehr beträchtlichen Tiefen der Erde geschmolzenen Mineralien oder Gesteine nur ein durch Hitze veränderter Zustand gewisser ursprünglicher Mineralmassen seien. So gibt uns der gewöhnliche Zucker, der ja auch ein lebloser, unorganischer, obgleich von Pflanzen herrührender Körper ist, trefflich Aufschluß über allerlei an Mineralien und Gesteinen in der Erde vor sich gehende Veränderungen.

7. Künstlich erzeugte Kristalle. Sehr leicht erhalten wir künstliche Kristalle auch durch Schmelzen. Wir füllen einen tönernen Tiegel mit Schwefelstücken, wie man sie in jeder Materialwarenhandlung kaufen kann, und erhitzen denselben langsam, bis der Schwefel geschmolzen ist, wobei wir dafür Sorge tragen müssen, daß sich der Schwefel nicht entzündet und brennt. Wir stellen dann den Tiegel auf eine kühle Unterlage, etwa ein Brett, und lassen ihn samt dem Inhalt allmählich erkalten, bis sich oben auf der Schmelze eine runzelige Haut bildet. Diese stoßen wir alsbald mit einem Stäbchen durch, stülpen den noch warmen Tiegel mit Hilfe einer Zange um und gießen den noch flüssigen Schwefelinhalt aus. Das

Innere des Tiegels ist dann ausgekleidet mit einer großen Zahl von kleinen nadel- und stabförmigen Kristallen von Schwefel, die einen lebhaften Glanz auf ihren Flächen zeigen.

In ganz ähnlicher Weise können wir durch Schmelzen von metallischem Wismut oder von metallischem Antimon, die beide erst bei höherer Temperatur als der Schwefel flüssig werden und sich nicht wie dieser entzünden und verbrennen, künstliche Kristalle von diesen Substanzen herstellen.

Hätten wir aus dem Tiegel mit geschmolzenem Schwefel den noch flüssigen Inhalt nicht ausgegossen, so würden die Schwefelkristalle, die das Innere erfüllten, nicht sichtbar geworden sein; sie würden sich vergrößert und vermehrt und schließlich eine feste Masse gebildet haben, die das Innere des Tiegels vollständig erfüllte. Diese feste Masse besteht in Wirklichkeit aus einer großen Zahl von dicht aneinander geschlossenen Kristallen, die sich in ihrer freien Entwicklung gegenseitig gehindert haben und deshalb nicht mehr imstande waren, die glatten und ebenen Flächen, von denen sie anfänglich begrenzt wurden, beizubehalten. Man nennt derartige Anhäufungen unregelmäßig begrenzter, in der freien Entwicklung ihrer Formen gehinderter Kristalle oder kristallartiger Massen kristallinisch.

Die künstlich erzeugten kristallinischen Substanzen sind ebenso wie die künstlich gebildeten Kristalle nicht Mineralien im gewöhnlichen Sinne des Wortes — denn diese sind ja ohne Zutun des Menschen entstandene natürliche Gebilde —, sie sind also nicht eigentlich Gegenstand der Mineralogie, sie sind aber leblose Körper, die viele Eigenschaften mit den eigentlichen Mineralien gemeinschaftlich haben.

Durch die Untersuchungen gerade der künstlich erzeugten Kristalle und der künstlich dargestellten kristallinischen Körper ist die Wissenschaft außerordentlich gefördert worden, und man darf geradezu behaupten, daß man das Wesen der eigentlichen Mineralien nicht recht verstünde, wenn man nicht zahllose, in Laboratorien oder Fabriken erzeugte unorganische Körper genau untersucht hätte. Wir werden es sehr bald einsehen lernen, daß zwischen diesen letzteren und den eigentlichen Mineralien aus der Erde ein wesentlicher Unterschied nicht besteht und daß es an und für sich gleichgültig ist, ob ein unorganischer Körper in den Glasgefäßen oder Schmelztiegeln des Chemikers oder ob er in unterdirischen Räumen entstanden ist. Das Wesentliche ist immer, daß die nötigen Stoffe zu seiner Entstehung und daß die entsprechende Wärme, die nötigen Räumlichkeiten, der einfache Druck der über uns befindlichen Luftmasse oder ein höherer Druck, wie er in der Tiefe der Erde herrscht, mit einem Worte, die entsprechenden physikalischen Bedingungen gegeben sind.

Die Bedeutung der Kristalle.

8. Das Individuum im Mineralreich. In unserer Sprache nennt man jedes Einzelwesen, jedes selbständige organische Wesen mit bestimmten Eigenschaften ein Individuum. Die Mineralogie hat sich diesen Ausdruck angeeignet und bezeichnet mit dem Wort Individuum jeden Mineralkörper, dessen Eigen-

schaften einen bestimmten gesetzmäßigen Zusammenhang aufweisen und der durch diese Eigenschaften sich von anderen Mineralkörpern als Einzelwesen unterscheidet. Die Gesamtheit seiner Eigenschaften bildet seine Individualität. Das Hauptmerkmal eines solchen Individuums oder Einzelwesens muß selbstverständlich dessen äußere Form sein, und da wir bereits wissen, daß die meisten Mineralkörper eine regelmäßige Kristallform aufweisen, so haben wir zunächst diese verschiedenen Formen zu untersuchen. Jeder Kristall besitzt alle Eigenschaften seines Minerals; er ist das selbständige unorganische Individuum. Wenn es sich nun darum handelt, die Eigenschaften eines unorganischen Körpers kennen zu lernen, so wendet man sich begreiflicherweise an seine Kristalle als an die Einzelkörper, an denen die Eigenschaften des Minerals am besten und vollständigsten erkannt werden können.

9. Größe und Wachstum der Kristalle. Die Kristalle sind sehr verschieden groß, mitunter so winzig, daß man sie nur durch ein starkes Vergrößerungsglas wahrnehmen kann, manchmal aber mehrere Dezimeter lang und breit.

Ein Weizenhalm erreicht bekanntlich niemals die Höhe einer Dattelpalme, ein Mäuschen bleibt immer ein kleines Tier, und es kann nicht gedacht werden, daß in Indien oder in Afrika jemals ein Elefant gefunden würde, der nur einige Dezimeter hoch wäre. Darin liegt ein wesentlicher Unterschied zwischen Organismen und anorganischen Körpern, daß jene von bestimmter Durchschnittsgröße sind, wogegen diese in ihrer Ausdehnung keine Beschränkung erleiden, höchstens durch die Räume in denen sie entstehen, obwohl sie dieselben als Einzelkristalle in der Regel nicht ganz ausfüllen. Wenn sich z. B. in einem hölzernen Bottiche viele Kilogramme von blauem Kupfervitriol, von Eisenvitriol oder einem anderen Salz in Lösung befinden, und es entstehen durch Verdunstung der Flüssigkeit Kristalle des betreffenden Salzes, so könnten allerdings einzelne davon eine sehr bedeutende Größe erlangen. Dies ist aber für gewöhnlich nicht der Fall, weil sich an den Wänden des Gefäßes in der Regel gleichzeitig Hunderte oder Tausende von Kristallen nebeneinander ansetzen und so lange fortwachsen als Stoff zu ihrer Bildung vorhanden ist, ohne daß einzelne von ihnen weit gegen das Innere des Bottichs vordrängen. So geschieht es auch in den Klüften oder geschlossenen Hohlräumen im Innern der Gesteinsmassen, gleichviel ob sie als Gebirge in die Luft emporragen oder ob sie sich, bedeckt von allerlei jüngeren Ablagerungen, unter der Oberfläche der Erde befinden.

Ein Mineral ist noch nicht in allen seinen Eigenschaften bekannt, wenn man nicht auch seine Kristallform kennt. Man sucht deshalb, wenn das Mineral gar keine deutlichen Kristalle aufweist, sich diese auf künstlichem Wege zu verschaffen, indem man die Körper nochmals auflöst und die neue Lösung mit ganz besonderer Sorgfalt zur Bildung von deutlichen Kristallen veranlaßt. Man sorgt dafür, daß die Lösung während der Kristallisation beständig die gleiche, keineswegs sehr hohe Wärme bewahre. Man vermeidet jede Erschütterung, überhaupt jede Bewegung, welche die Kristalle in ihrem Wachstum stören könnte. Wenn man aber ganz schöne und glattflächige Kristalle erhalten will, so nimmt man wohl auch einzelne am Boden des Gefäßes entstandene Kristalle heraus und setzt sie getrennt voneinander in eine besondere mit Lösung gefüllte Schale. Selbstverständlich ist die Stoffmenge in der Lösung, ihre Konzentration, ihre eigene Wärme u. dgl. m. von größtem Belange für die Ausbildung der Kristalle. Gerade deshalb sind die in den Gesteinen der Erde entwickelten Kristalle oft so schön und vollkommen, weil die Wärme in den Räumen ihrer Bildung durch geraume Zeit, Jahrhunderte oder selbst Jahrtausende hindurch unverändert dieselbe blieb und von den wechselnden Einflüssen der Sonne unabhängig war.

10. Was soll man an Kristallen messen und beobachten? Sicherlich nicht, wenigstens zunächst nicht, die Größe der Kristalle, auch nicht die Länge der Seiten ihrer Flächen oder die Größe von deren Winkeln. Man würde z. B. nicht bestimmen wollen, ob die Seiten eines Vierecks als gerade Linien gleich lang oder nur abwechselnd gleich lang sind, ob die Winkel eines Sechsecks sämtlich oder nur zu drei und drei gleich groß sind. Dazu wären unsere Meßvorrichtungen gar nicht scharf genug und wir wären überdies vielerlei Täuschungen ausgesetzt. Was man an Kristallen wirklich mißt, seit die Mineralogie als Wissenschaft besteht und Vorrichtungen dazu erfunden wurden, das ist die Neigung der Kristallflächen gegeneinander, die Größe, d. h. der Körperwinkel, ihrer Kanten.

Durch zahllose Messungen dieser Art ist man in die Lage gekommen, die Kristalle untereinander zu vergleichen, jene von ihnen, die nur wenige Flächen haben, mit flächenreichen desselben Mineralstoffs zusammenzustellen und von den Kristallen verschiedener Stoffe genau zu bestimmen, inwiefern jene einander gleichen oder voneinander wesentlich verschieden sind. Dabei kommt es ganz und gar nicht darauf an, ob sie von wenigen oder von vielen Flächen begrenzt sind. Die Größe der Kanten deutet es schon an, ob ihre Formen wirklich übereinstimmen oder ob sie gar nicht miteinander verglichen werden dürfen.

Allmählich ist eine Teilwissenschaft der Mineralogie entstanden, die sie mit der Chemie und der Physik gemein hat, die Lehre von den Kristallen oder die Kristallographie. In alter Zeit, ja selbst vor 150 Jahren, kannte man sie noch nicht; da gab es aber auch noch keine wirkliche Mineralogie. Vielerlei Kenntnisse von Mineralien bereiteten jene Wissenschaft schon im 17. Jahrhundert vor; auch entdeckte um jene Zeit ein scharfsinniger Gelehrter an einem vollkommen durchsichtigen Mineral, das wir in der Folge werden kennen lernen, die Gesetze, nach denen das Licht durch den Kristall dringt.

Die Messung der verschiedenen Formen der Kristalle und die Erforschung ihrer physischen Eigenschaften, wie z. B. das Licht dieselben durchdringt, wie es an ihren Flächen zurückgestrahlt wird, wie sie Wärme durch sich treten lassen u. dgl. m., muß einem späteren Studium vorbehalten werden. Die Aufgabe dieses Elementarbuches ist, die hauptsächlichsten Stoffe kennen zu lehren, deren Beschreibung die Grundlage der Mineralogie bildet, und dabei auf den Zusammenhang mit den Lehren der Physik, Chemie und Geologie hinzuweisen.

Steinsalz und Kochsalz.

11. Das Meerwasser und seine Salze. Die näheren Verwandten der in den Schichten der Erde gefundenen versteinerten Tiere gehören ihrer großen Mehrzahl nach Arten an, die nur im Meerwasser leben. Nur der Torf, die Steinkohle und wenige andere in Schichten ausgebreitete Massen sind Erzeugnisse von Pflanzen, die auf dem Festlande oder in den dasselbe bedeckenden Gewässern gediehen.

Auf der Erde in ihrem jetzigen Zustande nimmt das Festland etwas mehr als $^1/_4$, das Meer also nicht ganz $^3/_4$ der Oberfläche ein. Es läßt sich erweisen, daß die Erde in keinem Zeitabschnitte ihrer Entwicklung mehr Festland besaß, als in der Gegenwart. Das Meer bedeckte also unermeßlich große Flächen und besaß, wie der Bau der versteinerten Tierreste es lehrt, mindestens ebenso bedeutende Tiefen, wie sie in den heute bestehenden Meeren gefunden werden. Die Menge von Meerwasser war also gegenüber dem an der Oberfläche des Festlandes angesammelten oder fließenden „Süßwasser" überaus groß.

Wir wissen bereits (vgl. physikalische Geographie § 220), daß das Meerwasser salzig, eine Lösung von allerlei Salzen ist, deren Gesamtmenge mehr als $3^1/_2$ von 100 Teilen Wassers beträgt, und daß unter ihnen das gewöhnliche Kochsalz bei weitem vorwiegt. Wir wissen auch, daß dieses Salz eine Verbindung von Chlor und Natrium ist (vgl. Chemie, § 49), neben dem im Meerwasser noch Chlorkalium, Chlormagnesium und andere Verbindungen enthalten sind. Einen sehr wesentlichen Bestandteil jener in ihm gelösten Mineralstoffe machen auch das schwefelsaure Magnesium und der schwefelsaure Kalk aus, welch letzterer entsteht, sobald man kohlensauren Kalk mit etwas Schwefelsäure versetzt.

Der Salzgehalt der einzelnen Meere ist ein sehr verschiedener, je nachdem große oder kleinere Flüsse in sie münden. Im Atlantischen, im Indischen und im Stillen Ozean erreicht oder übersteigt er 3 ½ Prozent; auch im Mittelmeer ist er sehr stark (bis 4 Prozent). In die Ostsee dagegen und in das Schwarze Meer strömt so viel Flußwasser ein, daß ihr Salzgehalt unter 2 (ja sogar bis 1) von 100 Teilen herabgedrängt wird. Wir wollen noch bemerken, daß manche unter dem Spiegel des Meeres ausbrechende Quellen viel gelösten kohlensauren Kalk in jenes bringen. Dieser wird aber zumeist von den Seetieren aufgenommen, um zur Bildung ihrer Schalen und Gerüste verarbeitet zu werden. Das Wasser dieser vom Festlande beinahe ganz umschlossenen Meere nähert sich hinsichtlich seiner Zusammensetzung dem Wasser, das sich oberhalb der Mündung der Flüsse befindet, aus der Mischung von Fluß- und Meerwasser entstanden ist und Brackwasser genannt wird. Dagegen ist der Inhalt gewisser rings vom Festlande umschlossener Becken, wie namentlich der des Toten Meeres in Syrien, sehr salzreich. Auch ist das Verhältnis der Bestandteile in solchen Becken ein anderes, als in den offenen Meeren. Der Gehalt an leichter löslichen Kalium- und Magnesiumsalzen ist bei weitem größer als in dem Meerwasser, das Chlornatrium und der schwefelsaure Kalk haben dagegen im Verhältnis abgenommen. Jene Becken haben durch Verdunstung unter der Einwirkung der Sonne einen großen Teil ihres Wassers verloren; das zurückgebliebene ist deshalb eine konzentriertere Salzlösung, und man darf annehmen, daß ein nicht geringer Teil des minder leicht löslichen Kochsalzes und des noch viel weniger leicht löslichen schwefelsauren Kalks bereits am Grunde des Beckens und an seinen Rändern abgesetzt wurde. Noch viel leichter verdunstet das Meerwasser in den seichten Ausbreitungen desselben, an den flachen Küsten der Meere warmer Himmelsstriche. Da bilden sich am Boden der Ränder solcher „Lagunen" ziemlich starke Krusten von Kochsalz, deren Scherben unter den Füßen der Wanderer und ihrer Pferde knisternd oder klirrend verschoben werden. Das Wichtigste an solchen entlang der Flachküsten verbreiteten Ansammlungen von Meerwasser ist es aber, daß sie durch die von der See her wehenden Stürme einen Zuschuß von Meerwasser samt den darin befindlichen kleinen Schaltieren erhalten.

Sowohl die abgeschlossenen Salzwasserbecken, als auch jene vom Meere nicht völlig geschiedenen Lagunen und manche im Innern des Festlandes bestehende Salzseen sind noch heutzutage Ablagerungsstätten von Kochsalz.

12. Die Entstehung von Salzlagern. Auf dieselbe Weise sind auch in früheren Perioden der Entwicklung unserer Erde ganze Lager von Steinsalz entstanden, welche durch vielmals wiederholten Absatz jener Krusten und durch reichlichen Salzniederschlag am Grunde abgeschlossener Becken eine sehr ansehnliche Dicke erreichten und bis in die Gegenwart erhalten bleiben konnten, wenn sie von einer wasserdichten Gesteinshülle umgeben waren, also etwa zwischen Schichten von Ton und tonigem Sandstein eingeschlossen wurden. Die Bildung des Salzes geschah auf ähnliche Weise, wie sich vor unseren Augen in einer flachen Glasschale voll Meerwasser oder künstlich bereiteter Salzlösung Salz absetzt.

Die Salzlager haben unter dem Drucke der auf ihnen lastenden und sie von den Seiten her bedrängenden Gebirgsmassen mitunter eine wunderliche Form angenommen. Sie sind ja eigentlich nur der Überrest von den einst wagrecht gebildeten Salzabsätzen. Trotz ihrer Tonhülle wurden sie aber an einzelnen Stellen von eindringenden Gewässern erreicht und aufgelöst und so ein Teil ihrer Salzmasse für immer entfernt. Der Rest der Salzlager wurde nicht selten in der übrig gebliebenen Tonhülle zusammengedrückt, zerquetscht und in Formen gebracht, die einer riesigen Birne oder Möhre ähnlicher sehen, als einer wagrecht gebildeten Lagermasse. Man nennt solche Salzlager nicht unpassend Salzstöcke.

Im Innern derselben gab es aber stets Klüfte und Hohlräume aller Art. In diese ist der trotz der Tonhülle in Lösung übergegangene Teil der Salzlager eingedrungen und hat sich zu mehr oder weniger schönen Kristallen ausgebildet, während die Hauptmasse des Stockes aus körniger Anhäufung besteht, unserem Rohrzucker ähnlich, aber mit viel größeren Körnern. Es versteht sich von selbst, daß auch die anderen Bestandteile des ehemaligen Meerwassers nicht fehlen, daß deshalb der ganze Salzstock ein recht buntes Gemisch von allerlei Mineralien enthalten kann. Wir werden in der Folge noch eines und das andere derselben kennen lernen.

Jene Teile des Salzstockes, die recht großkörniges Steinsalz enthalten, waren in dieser Ausbildung auch nicht Teile des ursprünglichen Salzlagers, sondern haben sich in Hohlräumen des Salzstockes entwickelt, es herrschte also in seinen Innern, trotz seiner scheinbaren Abgeschlossenheit im Laufe der Jahrtausende, eine ziemlich starke Stoffbewegung.

Als nun der Mensch, dem das aus dem Meerwasser an den Küsten gewinnbare Salz (Seesalz) nicht mehr genügte, die Salzstöcke im Innern der Erde aufsuchte wo sie sich ihm durch salzhaltige Quellen (siehe S. 28) verrieten, als er sie auszuhauen oder, wie man zu sagen pflegt, abzubauen begann, da entwickelte sich ein gar reiches Leben innerhalb der durch unermeßlich lange Zeiten geborgenen Lager.

Hier und da begann der Abbau schon lange vor dem Beginne unserer Weltgeschichte, in vorhistorischen Zeiten. Ein solcher sehr frühe entdeckter Salzstock ist z. B. der von Hallstatt in Oberösterreich. Da sind außen an der Oberfläche ganze Grabstätten gefunden worden und in ihnen vielerlei Werkzeuge und Schmuck aus Bronze, deren sich die damaligen Bewohner und Bergleute (der sogenannten Hallstattperiode) bedienten, weil sie das Eisen und die edlen Metalle noch gar nicht kannten oder erst gegen das Ende ihres Aufenthaltes am Berge kennen lernten. Da wurde denn auch gar mancherlei in das Innere des Salzstockes getragen, wo er damals zugänglich war, und nachher von der Salzmasse völlig umschlossen.

Auch in Wieliczka, an der Nordseite der Karpathen, fand man in dem überaus bedeutenden Salzstocke Gegenstände aus sehr alter Zeit. Der Verfasser hatte eine roh gearbeitete Holzstange vor sich, die von den schönsten, mehr als 3 Zentimeter großen Würfelkristallen von Steinsalz ringsum besetzt war.

13. Untersuchen wir nun die Kristallform und Eigenschaften des Steinsalzes. Wenn wir in einer Glasschale Salzlösung verdampfen lassen und dann den Absatz, nachdem er völlig trocken geworden, unter einem mäßigen Vergrößerungsglase betrachten, so sehen wir, daß er beinahe gänzlich aus Würfelchen besteht, die mehr oder weniger gedrängt aneinander geschlossen sind. Wollen wir dergleichen Würfel, die nichts anderes sind als die natürlichen Kristallformen des Steinsalzes, in größerem Maßstabe vor uns haben, so müssen wir das Salz unter denselben Vorsichtsmaßregeln kristallisieren lassen, die wir oben (S. 8) kennen lernten. Besser aber ist es, wir wenden uns an eines der natürlichen Salzlager, wie sie an vielen Orten in Deutschland, in der Schweiz oder in Österreich-Ungarn vorhanden sind. Die Flächen der einzelnen Würfel — wir nennen sie auch

Hexaeder oder Sechsflächner — glänzen ziemlich lebhaft wie Glas, wenn die Kristalle vor nicht zu langer Zeit dem Bergwerke entnommen wurden. Waren sie aber dem Wechsel von feuchter und trockener Luft längere Zeit hindurch ausgesetzt oder stammen sie gar aus einem nicht immer ganz trockenen Teile des Salzlagers, so glänzen die Flächen so, als ob sie mit Öl bestrichen wären; sie haben nicht einen reinen Glasglanz, wie man in der Mineralogie zu sagen pflegt, sondern einen Fettglanz.

Eine Eigenschaft, die wahrscheinlich schon den Menschen der Vorzeit bekannt war, untersuchen wir dadurch, daß wir ein Messer oder sonst ein Schneidewerkzeug gleichlaufend den Flächen auf einen der Würfel setzen und einen ziemlich kräftigen Schlag mittels eines Hammers auf den Rücken des Messers führen. Da zeigt es sich sogleich, daß der diesseits der Messerklinge liegende Teil des Kristalls von dessen übriger Masse abspringt. Die neu erzeugten Flächen beider Teile sind glatt, glänzend und, wenn der Schlag gut gelang, auch beinahe ganz eben. In jeder anderen Richtung würden wir uns vergeblich bemüht haben, den Körper des Kristalls so leicht und vollkommen zu zerlegen. Durch einige Versuche überzeugen wir uns davon, daß die Spaltung entlang jeder Fläche des Würfels gleich gut gelingt, und daß die neu erzeugten Flächen bezüglich ihres Glanzes und in allen wesentlichen Eigenschaften vollkommen mit einander übereinstimmen.

Wie die ursprünglichen Flächen des Kristalls sind sie genau senkrecht gegen einander gerichtet, gleich den

Wänden eines wohlgebauten Hauses (siehe Fig. 1—3). Wir haben dadurch erfahren, daß die Würfelkristalle

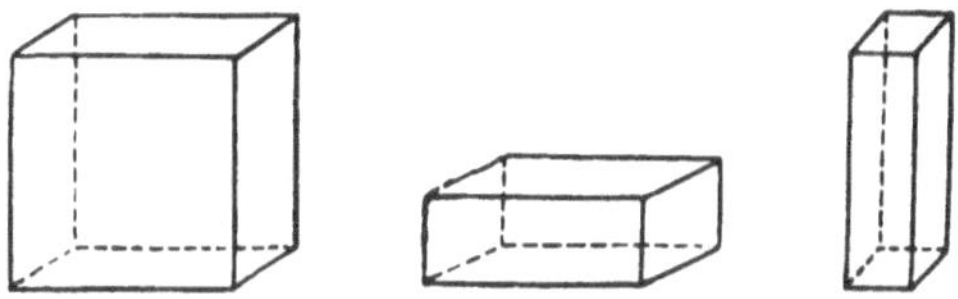

Fig. 1. Fig. 2. Fig. 3.

des Steinsalzes in drei auf einander senkrechten, also den Flächen des Würfels genau entsprechenden Richtungen sehr vollkommen spaltbar sind.

Es ist ganz gleichgültig, ob wir zu jenen Versuchen einen wirklichen Kristall oder ein Zusammensetzungsstück einer der großkörnigen Partien aus dem Salzstocke verwendet haben. Jedes, auch das kleinste Körnchen oder Kriställchen des Steinsalzes verhält sich in dieser Beziehung genau ebenso wie ein großes; immer ergibt sich uns als Tatsache, daß die Würfelkristalle des Steinsalzes und dessen Körner eine sehr vollkommene würfelige „Spaltbarkeit" besitzen.

Spaltbarkeit nennt man eben die Eigenschaft der Kristalle, daß sie sich in bestimmten, mit ihren Flächen keineswegs in allen Fällen gleichlaufenden Richtungen mehr oder weniger leicht teilen lassen. Nicht bei allen gelingt die Spaltung so leicht, wie an den Würfeln des Steinsalzes. Auch würfelähnliche Kristalle, wie wir deren in der Folge von anderen Substanzen werden kennen lernen, sind nicht in allen drei auf einander senkrechten Richtungen gleich leicht und vollkommen spaltbar, ja vielleicht gar nicht in diesen, sondern in anderen Richtungen.

Die Spaltbarkeit ist überhaupt eine sehr merkwürdige Eigenschaft der Kristalle und zeigt uns, daß die Masse derselben keineswegs allenthalben, in jeder beliebigen Richtung, gleich innig zusammengefügt ist, daß vielmehr die feinsten Teilchen derselben in gewissen Richtungen viel weniger fest aneinander haften, als in anderen Richtungen.

Wir werden aber gleich sehen, daß die Kristalle des Steinsalzes noch manche andere Eigenschaft haben, die es beweist, daß in ihnen die drei aufeinander senkrechten Richtungen ganz gleichwertig sind, d. h. ganz dieselbe Bedeutung haben.

Wir brachten vielleicht bereits in Erfahrung, daß das Steinsalz ein wenig harter Körper sei. Wir vermögen seine Würfelflächen mit dem Fingernagel zu ritzen, wenn wir ihn nur kräftig genug darüber hinführen.

An anderen Mineralien gelingt uns das keineswegs. Da müssen wir einen eisernen Nagel oder die Spitze einer Messerklinge zur Hand nehmen, um dieselbe Wirkung hervorzubringen. Solche Mineralien sind also härter, und wir werden es noch erfahren, daß die große Mehrzahl der in der Erde vorkommenden Mineralien eine solche höhere Härte besitzt, d. h. den in sie eindringenden Körpern einen größeren Widerstand entgegensetzt.

Höchst eigentümlich aber ist es, daß die Härte auf einer und derselben Kristallfläche keineswegs in jeder Richtung die gleiche ist. Selbst der Steinsalzwürfel läßt sich nicht in jeder Richtung seiner Flächen gleich leicht ritzen. Senkrecht auf die Seite einer Fläche geführt, dringt der Fingernagel oder die Spitze eines Stiftes viel schwerer in die Masse des Kristalls ein, als in der zwei Ecken miteinander verbindenden Linie. Auch in dieser Beziehung verhalten sich alle Flächen des Steinsalzwürfels ganz gleich.

Sehen wir durch denselben gegen das Fenster oder besser gerade nach einem auf einem Blatte Papier mit Tinte oder Tusche gemachten Punkt. Der Würfel ist gleich gut durchsichtig, welche seiner Flächen wir auch gegen das Licht kehren, und der Punkt erscheint uns in jeder Richtung als ein einfacher Punkt. Wir werden es bald kennen lernen, daß dies keineswegs an sehr vielen durchsichtigen Kristallen so der Fall ist.

Untersuchen wir aber noch eine andere Eigenschaft des Steinsalzwürfels. Wir wollen von einem recht großkörnigen Stücke, wie es z. B. aus dem Salzstocke von Wieliczka leicht zu erhalten ist, eine große, 4—5 Zentimeter dicke Platte eines einzelnen Spaltungswürfels abspalten. Wir halten die Hand in entsprechender Entfernung über eine blaubrennende Kochgasflamme und fühlen sofort eine ziemlich starke Hitze. Schieben wir nun die Steinsalzplatte zwischen unsere Hand und die Flamme, so bemerken wir leicht, daß die auf jene wirkende Hitze nicht viel abgenommen hat. Würden wir anstatt der Steinsalzplatte eine Glastafel von geringer Dicke angewendet haben, so würden wir weniger, aber noch immer genug Hitze fühlen. Nehmen wir dagegen eine viel weniger dicke Tafel von farblosem oder bräunlichem Glimmer, einem

Mineral, von dem weiter unten noch die Rede sein soll, und halten sie einige Sekunden lang an dieselbe Stelle, so fühlen wir zu unserer Überraschung die Hitze der Flamme gar nicht. Wir entnehmen daraus, daß der Steinsalzkristall die Wärme in hohem Grade, der höchst durchsichtige Glimmer aber sie gar nicht durchläßt. Wollten wir uns nun davon überzeugen, ob der Steinsalzkristall in jeder Richtung gleiche Wirkung äußere, so könnten wir von demselben großen Spaltungswürfel, Platten von der einen und von der andern Seite abspalten. Wir würden leicht erfahren, daß sich sämtliche Platten ganz gleich verhalten, ja daß selbst ihre Dicke keinen allzu großen Unterschied mache.

Der Steinsalzkristall verhält sich also auch in dieser zuletzt besprochenen Eigenschaft in jeder der drei auf einander senkrechten Richtungen vollkommen gleich. Er ist ein wahrer regelmäßiger Würfel (ein Hexaeder), wie man sich ihn nur in der Idee vorstellen mag.

Viele Mineralarten haben auch regelmäßige Würfelkristalle, aber kaum läßt sich von ihnen so leicht wie vom Steinsalzwürfel erweisen, daß sie wirklich regelmäßig sind.

Es ist aber ganz und gar nicht notwendig, daß solche Würfelkristalle, deren Eigenschaften hinsichtlich der Spaltbarkeit, des Glanzes ihrer Flächen, der Durchsichtigkeit und der Durchlässigkeit für Wärme wir am Steinsalze kennen lernten, ebenso hoch als breit seien, wie die aus Elfenbein gemachten Spielwürfel. Eine dünne Spaltungsplatte (wie Fig. 2 u. 3) ist obigen Eigenschaften zufolge ein ebenso gesetzmäßiger, in jeder der drei aufeinander senkrechten Richtungen sich vollkommen gleich verhaltender Kristallkörper.

Durch rasche Verdampfung des Wassers einer Salzlösung erzeugt man nun keineswegs gleichmäßig ausgebildete Würfel, vielmehr vierkantige, trichterförmig vertiefte und treppenartig gestufte, dünne Formen, etwa dem Piedestal einer Bildsäule oder einer hohlen vierseitigen Pyramide ähnlich. Jede Stufe derselben läßt sich aber ebenso spalten, ist in jeder Richtung ebenso gleich durchsichtig, hat also sämtliche wesentliche Eigenschaften des Steinsalzkristalls, wie die einem Salzstocke entnommenen Würfelformen.

Wegen der Verschiedenartigkeit der Mineralien, aus denen ein Salzstock besteht und deshalb, weil das reine Steinsalz hie und da nur geringe Massen ausmacht gegenüber jenen anderen, zum Gebrauche des Menschen nicht geeigneten und in Wasser unlöslichen Mineralien, läßt man an einzelnen Orten (z. B. im Salzkammergut) absichtlich von der Oberfläche des Berges reines Wasser in das Innere des Salzstockes eintreten. Man läßt es in ausgehauenen Räumen, sogenannten Kammern, so lange verweilen, bis es den größten Teil des leicht löslichen Steinsalzes aufgenommen hat, pumpt es dann aus und leitet es in Röhren den „Sudhäusern" der Salinen zu, in denen sich große Pfannen befinden. Da wird dann jene Lösung, die man Salzsole nennt, durch Erhitzung abgedampft, und da entstehen jene obenerwähnten treppenartigen Formen. Gleichmäßige Würfel konnten sich nicht bilden, weil die Salzlösung in den Pfannen nicht immer gleich warm und weil der ganze Vorgang ein viel zu rascher ist, als daß sich die Salzteilchen zu schön ausgebildeten Kristallen hätten aneinander fügen können.

In ähnlicher Weise wird das Kochsalz in vielen Gegenden von Mitteleuropa gewonnen, vornehmlich in den Alpenländern, wo die Salzstöcke inmitten großer, wegen ihrer schroffen Formen und landschaftlicher Schönheit gern besuchter Kalksteingebirge sehr unregelmäßige, oft gar wundersame Formen annahmen.

Wir haben es kaum nötig, besonders zu erwähnen, wie notwendig das Steinsalz für den Menschen und seine Haustiere ist. Die Verdauung von Pflanzenstoffen und gemischter Nahrung, wie sie der Mensch genießt, wäre ohne die Beifügung von etwas Kochsalz kaum möglich. Wir sehen deshalb Rinder, Schafe, Ziegen und andere Pflanzenfresser jedem Quellchen zueilen, in dessen Wasser sich eine Spur von Kochsalz oder zu notdürftigem Ersatze desselben ein anderes ihm nicht unähnliches Salz befindet. Darum suchte auch der Mensch, seine Kultur von den Küsten des Meeres ins Innere der Länder tragend, so begierig die Salzquellen und die in deren Nähe unter der Erdoberfläche gelegenen natürlichen Salzlager auf (S. 20). Der Transport des Seesalzes in Entfernungen von vielen Meilen wäre mühsamer, als es der Abbau der Salzstöcke selbst unter schwierigen Verhältnissen ist.

Das Chlorkalium. Fluorcalcium oder Flußspat.

14. Chlorkalium. Vorkommen und Eigenschaften. Wir sagten oben (S. 17 u. 18), daß die ringsum abgeschlossenen Ansammlungen von

Salzwasser einen höheren Salzgehalt und ein anderes Mengungsverhältnis der Salze haben, als die offenen Meere. So enthält das Tote Meer eine verhältnismäßig viel größere Menge von den leichter löslichen Chlorkalium- und Chlormagnesiumverbindungen, und wir folgerten daraus, daß sich in diesem abgeschlossenen Becken ein großer Teil des schwerer löslichen Chlornatriums bereits abgesetzt habe.

In der Chemie (§ 58) war von dem Kalium, seiner nahen Verwandtschaft zum Natrium und von seiner früheren Gewinnung aus der Asche von Holz ausführlich die Rede. Diese Bereitungsart war vor langer Zeit in Gebirgen gewinnbringend, aus denen man die dort überreichlich wachsenden Bäume wegen Mangels an Straßen nicht fortschaffen konnte. Man brannte den Wald also nieder, um wenigstens einigen Gewinn daraus zu ziehen. Darum beschäftigten sich auch Menschen mit dem Sammeln der Asche aus den Öfen jener Städte, in denen man Holz zur Heizung brannte. Diese Zeit ist für Mitteleuropa schon längst vergangen, und man würde in der Tat außerstande sein, die zur Bereitung von allerlei Kaliumverbindungen nötige Menge dieses Metalls zu beschaffen, wenn nicht bei Staßfurt in der Nähe von Magdeburg und später an vielen anderen Orten Norddeutschlands mächtige Salzlager entdeckt worden wären, deren untere Abteilungen, wie in den gewöhnlichen Salzlagern, vornehmlich Steinsalz führen, wogegen in den oberen Teilen des Lagers ein anderes Salz, die Verbindung von Chlor mit Kalium und Magnesium, reichlich genug enthalten ist. Es entstand dadurch in jener Gegend eine für Deutschland ganz neue wichtige Industrie.

Wegen der nahen Verwandtschaft der Metalle Kalium und Natrium hätte man von vornherein erwarten dürfen, daß sich ersteres von diesem in der Kristallform und in anderen oben besprochenen Eigenschaften gar nicht unterscheide. Dies ist aber keineswegs der Fall. Die Ecken des Steinsalzwürfels, deren Zahl selbstverständlich acht ist, sind immer scharf ausgebildet, am Kristall des Chlorkaliums dagegen sind an deren Stelle glatte und ebene Flächen entwickelt, wie in beistehender Fig. 4. Sehr selten sind die Würfelflächen ganz ausgeblieben; es haben dann die Kristalle eine Form angenommen, wie sie Fig. 5 darstellt. Wir nennen diese Achtflächner oder Oktaeder.

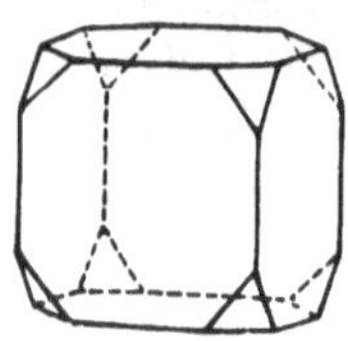

Fig. 4.

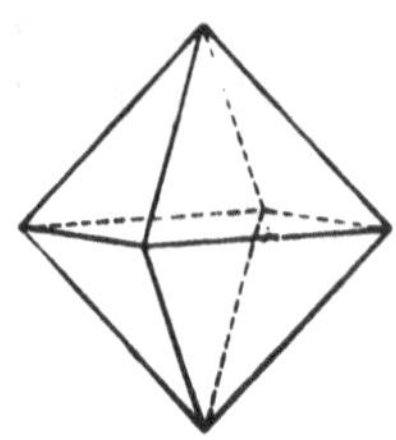

Fig. 5.

Dagegen ist die gleiche ausgezeichnete Spaltbarkeit wie bei den Steinsalzkristallen, gleichlaufend mit den Würfelflächen, auch hier vorhanden; ebenso sind der Glanz, die Durchsichtigkeit der Masse, und die Durchlässigkeit für Wärme beinahe dieselben.

Dieses Mineral, dem man den Namen Sylvin gegeben hat, kommt außer bei Staßfurt noch an einigen anderen Orten vor, sehr schön auch in der nordkarpathischen Saline Kalusz, östlich von Wieliczka, überall aber nur im obersten Teile der Salzstöcke. Es findet sich fast allenthalben, wo es vorkommt, zusammen mit sehr leicht löslichen Kalium-Magnesiumsalzen, die sich erst sehr spät aus dem Salzwasser abgeschieden haben, als jenes bereits zum größten Teil verdunstet war. Auch kommt der Sylvin in diesen oberen Teilen der Steinsalzlagerstätten unter Verhältnissen vor, die es mehr als wahrscheinlich machen, daß er erst nachträglich, nach Absatz der Kalium-Magnesiumsalze, aus diesen und zumal aus dem besonders wichtigen, oft rot gefärbten Carnallit, einem Chlorkalium-Chlormagnesium, durch Umwandlung entstanden ist. Denn da Chlorkalium bei gewöhnlicher Temperatur schwerer löslich ist als Chlornatrium, würde sonst seine Ausscheidung aus dem Salzwasser bei weitem früher als die der sehr leicht löslichen Magnesiumsalze eingetreten sein.

Außer dem Bereiche der Salzstöcke werden Verbindungen des Kalium in Ablagerungen, die sich nahe an der Oberfläche der Erde bildeten, nicht gefunden. Dagegen ist es in großen Mengen in manchen Kieselverbindungen enthalten, insbesondere im Feldspat, einem Gemengteile des Granits (vgl. Geologie, § 27), von dem weiter unten die Rede sein wird.

15. Fluorcalcium, Fluorit oder Flußspat. Das zweite Mineral, von dem wir hier handeln wollen, ist der Fluorit oder Flußspat, eine Verbindung von Calcium und Fluor, einem gasförmigen Stoffe, der dem Chlor in mehrfacher Beziehung ähnlich ist. Seine Verbindung mit Wasserstoff, die Fluor-

wasserstoffsäure, entbindet sich aus dem Flußspate, wenn man diesen mit flüssiger Schwefelsäure (Vitriolöl) versetzt, als ein in hohem Grade ätzendes, für die menschlichen Atmungsorgane schädliches Gas. Man muß es wegen dieser Eigenschaft mit großer Vorsicht behandeln, man darf es auch nicht in den gewöhnlichen Gefäßen des Chemikers erzeugen, sondern muß die Bröckchen von Flußspat mit jener Säure in einem Gefäße aus Blei oder Platin in Berührung bringen. Am besten leitet man es sofort in die Räume, in denen es sich mit anderen Stoffen verbinden soll. Von der stark ätzenden Wirkung des Fluorwasserstoffes, der unter anderem auch Glas aufzulösen imstande ist, kann man sich leicht überzeugen, wenn man den während seiner Entwicklung aus Flußspat entstehenden Fluorwasserstoff auf eine Glastafel wirken läßt, die man mit einer dünnen Schicht von Wachs überzogen, und in welche letztere man mittels eines Stiftes aus Bein oder Holz allerlei Buchstaben oder Figuren so gezeichnet hat, daß am Grunde dieser Figuren das Glas, dem Bleigefäße zugewendet, bloß liegt. Nach einer längeren Weile sind die Figuren in das Glas eingeätzt und man sieht sie nach Entfernung der Wachsschicht als Zeichnung von matter Oberfläche in das Glas eingetieft. Man bedient sich auch dieses Stoffes, um Zeichnungen auf Glas hervorzubringen, die dann der Glasschleifer mit seinen Werkzeugen austiefen, matt oder glänzend herstellen kann.

Die gewöhnliche Anwendung des Fluors in der Chemie ist die, daß man Kieselmineralien, deren Zusammensetzung man untersuchen will, durch Fluorwasserstoff dazu vorbereitet oder, wie man zu sagen pflegt, „aufschließt“.

Für uns handelt es sich aber nur um den Flußspat selbst. Dieses Mineral ist in prachtvollen, farblosen, gelben, braunen, blauen, roten, grünen oder violetten Kristallen, wohl auch in körnigen Massen in manchen tief in das Innere der Erde eingreifenden Spalten zu finden. In seiner Begleitung gibt es häufig allerlei Metallverbindungen, insbesondere von Blei und Silber (vgl. Chemie §§ 62 und 64). Man nennt diese Mineralien, die ein nutzbares Metall enthalten, Erze, spricht also von Bleierzen, Silbererzen usw., und bezeichnet diejenigen Spalten, auf welchen Erze vorkommen, auch schlechtweg als „Erzgänge“.

Wir sagten oben, der Flußspat sei dem Stoffe nach Fluorcalcium, d. h. er besteht aus Fluor und dem Metall, das der Grundstoff des Kalks ist (vgl. Chemie, § 55). Dieses Metall ist mit dem Natrium und dem Kalium nahe verwandt. Vom Fluor aber sagten wir, es sei in manchen wesentlichen Eigenschaften dem Chlor ganz ähnlich. Es kann uns also nicht überraschen, daß Fluorcalcium und Chlornatrium oder Steinsalz verwandte Mineralien sind, nahe verwandt in ihrer Kristallform, obgleich nicht in anderen Eigenschaften.

Auch bei dem Flußspat ist die herrschende Kristallform der Würfel; an demselben kommen aber noch vielerlei Flächen untergeordnet vor. Namentlich ist eine Kristallform mit ihm verbunden, die 24 untereinander gleichartige, d. i. gleichgestaltete, Flächen besitzt. Von diesen laufen je zwei der Kante des Würfels gleich (wie in Fig. 6). Wären sie allein entwickelt, so würden sie über jeder Würfelfläche eine vierseitige Pyramide bilden und insgesamt etwa die in Fig. 7

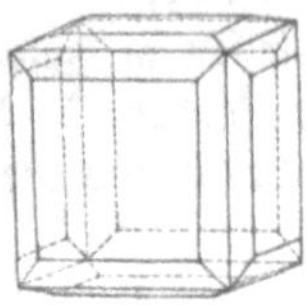

Fig. 6.

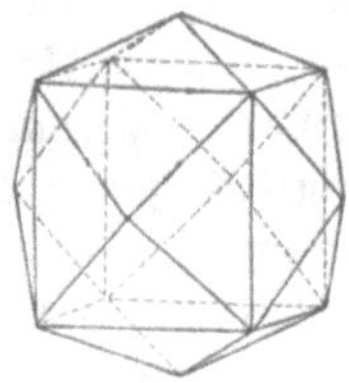

Fig. 7.

dargestellte Form. Man nannte deshalb diese Kristallgestalt sehr passend den Pyramidenwürfel (Tetrakishexaeder, d. h. 4×6-Flächner). Hier und da ist auch die achtflächige Form, die wir oben in Fig. 5 zeichneten, die herrschende Kristallform des Fluorits.

Eine sehr merkwürdige Eigenschaft des Flußspates ist seine Spaltbarkeit. Sie ist so vollkommen, daß sie der des Steinsalzkristalls nichts nachgibt, sie sogar übertrifft, was Glätte und glasartigen Glanz der Spaltungsfläche angeht. Sie ist aber ganz und gar nicht den Flächen des Würfels gleichgerichtet, sondern schneidet dessen Ecken gerade ab. Die Spaltungsflächen des Fluoritkristalls werden so leicht erhalten, daß ein Stoß, in der Nähe einer der Würfelecken ausgeführt, hinreicht, um diese zu entfernen und eine glatte, lebhaft glänzende Fläche an deren Stelle treten zu lassen. Die Form dieser Fläche ist selbstverständlich die eines Dreiecks von gleich langen Seiten.

An den Kristallen der Mineraliensammlungen vermeidet man begreiflicherweise dergleichen Verletzungen.

Man hütet sich um so mehr, sie zufälligen Stößen auszusetzen, wenn man in ihnen die Anwesenheit feiner Klüfte bemerkt, die von der ausgezeichneten Spaltbarkeit herrühren und sofort das Abspringen der betreffenden Ecken des Würfels zur Folge haben würden, wenn man ihn allzu unsanft behandelte. Will man aber einen hinreichend großen Kristall opfern, der etwa 3—12 Mk. wert ist, so setze man einen scharfen Meißel quer und schräg auf die Würfelfläche und führe einen Schlag auf das Werkzeug, so wird man, dies ringsum wiederholend, leicht imstande sein, einen Spaltungskörper ähnlich obiger Fig. 5 (S. 30) zu erzeugen. Man nennt diese Kristallform, einerlei ob sie einem unverletzten Kristall angehört oder das Erzeugnis sorgfältiger Spaltung ist, den regelmäßigen Achtflächner (Oktaeder), sowie man den Würfel schlechthin als Sechsflächner (Hexaeder) bezeichnen kann.

Es wurde schon oben gesagt, daß die Fluoritkristalle schöne Farben zeigen. Die violetten sind mitunter so dunkel, daß sie wie schwarz erscheinen. An den lichtgrünen Kristallen, wie man sie in älterer Zeit sehr schön in den Erzgängen von Cumberland in England fand, kann man nicht selten eine auffallende Lichterscheinung beobachten. Während der Kristall, in seiner ganzen Masse gegen das Licht gehalten, grün durchscheinend ist, bemerken wir unter Wendung desselben, also in auffallendem und zurückgeworfenem Licht, von seiner Oberfläche eine bläuliche Färbung ausgehen. Sie ist nicht seiner Masse eigen, sondern abhängig von dem ihn bestrahlenden Licht.

Aber diese grüne Farbe oder jede andere Farbe eines Fluoritkristalls haftet keineswegs der Masse an, sondern ist ihr fremd; der Kristall ist durch eine fremde Substanz gefärbt. Ritzt man gefärbte Kristalle mittels eines Messers oder streicht sie mit einer Feile, oder führt man sie über eine rauhe Porzellanplatte hin, oder zerstößt man ein Stückchen gefärbten Flußspats in einer Schale, so überzeugt man sich sogleich, daß sein Pulver (Strichpulver) weiß oder farblos ist. Andere, die sogenannten farbigen Mineralien, in denen die Farbe der Masse eigen ist, z. B. der Schwefel, der Brauneisenstein und viele ihresgleichen, besitzen als Pulver nahezu die gleiche Farbe, wie als unverletzte Massen.

Bei dergleichen Versuchen haben wir bereits die Erfahrung gemacht, daß Körper von außen in den Flußspatkristall — seine Spaltungsrichtungen selbstverständlich ausgenommen — viel weniger leicht eindringen wie in das Steinsalz. Der Fluorit ist wesentlich härter als dieses. Um das zu erweisen, braucht man nur mit einem Splitter von Flußspat über die Fläche des Steinsalzes zu streichen, um sofort zu bemerken, daß dieser es ritzt. Dagegen würde umgekehrt ein Splitter von Steinsalz keine Wirkung auf den Flußspat ausüben.

Vom Calcit oder Kalkspat. Aragonit.

16. Einfach- und doppeltkohlensaurer Kalk. Tropfsteinhöhlen. Der Kalkstein unserer Gebirge, ob er nun aus Tierresten, z. B. aus Korallen und Muschelschalen, oder aus Kalk-

algen, oder aus unbelebtem, am Grunde der Wasserbecken ausgebreitetem Schlamm oder sonstwie entstanden sei, ob ihm kohlige Teilchen eine graue oder Eisenverbindungen oder andere Stoffe eine rote, braune oder bunte Färbung gaben, ob diese eintönig über weite Strecken anhalte oder, wie in den geschätzten „Marmorarten", bunt wechsle, er wird von Regen und Frost nicht allzustark verändert. Freilich dringt das Wasser in seine Klüfte, wie in die jedes anderen Gesteins, mehr oder weniger tief ein, erstarrt nahe an der Oberfläche im Winter zu Eis und dehnt sich hierbei derart stark aus, daß es die Felsen zersprengt und kantige Blöcke oder kleine Stücke derselben sich am Fuße der Gebirgswände anhäufen. Aber im ganzen verändert sich der Kalkstein nicht allzurasch.

Wo aber eine dicke Schicht von Erde (Humus) ihn bedeckt, wo ein dichter Pflanzenwuchs in derselben sich entwickelt hat, da geschieht auf den Kalkstein eine unmerkliche, aber doch sehr bedeutende Einwirkung. Das durch die Erde dringende Regenwasser gelangt nicht so rein, wie es war, in den unterliegenden Fels, es hat aus der Vegetationsdecke etwas aufgenommen, was auf ihn, sowie auf jede Gesteinsart wesentlich einwirkt: K o h l e n s ä u r e oder kohlensaures Gas (vgl. Chemie, §§ 10, 11 u. 48).

Der Kalkstein selbst ist kohlensaurer Kalk (Chemie § 55) und als solcher nicht leicht löslich. Wenn aber Wasser, welches freie Kohlensäure enthält, mit ihm in Berührung kommt, so wandelt er sich in doppeltkohlensauren Kalk um, dieser wird in dem Wasser gelöst und gelangt in demselben zu tieferen Klüften und

Spalten. Dieser doppeltkohlensaure Kalk hat nun die Eigenschaft, seinen zweiten Teil von Kohlensäure sofort wieder abzugeben, sobald sie nicht durch einen besonderen Druck in der Lösung zurückgehalten wird. Ein solcher besteht in den Klüften des Kalksteingebirges in der Regel nicht, jene Abgabe findet also in ihnen statt und damit zugleich die Abscheidung des ursprünglichen einfach kohlensauren Kalks.

Dies geschieht aber so allmählich, daß die feinsten Teilchen des Stoffs Zeit haben, sich geordnet aneinander zu schließen. Die Klüfte werden von kristallinischem, körnigem kohlensaurem Kalk — Kalkspat oder Calcit — ausgefüllt, und wo eine Lücke übrig bleibt, da können sich mehr oder weniger gut entwickelte Kristalle jenes Minerals ausbilden.

Das geschieht so nicht nur im Kalksteine selbst, sondern in jeder kalkhaltigen Felsart, auf welche die Kohlensäure des Wassers einwirkt. Tatsache ist, daß die verschiedenartigen Kalksteine von Kalkspatadern durchsetzt werden, die nichts anderes sind, als der in den Klüften abgesetzte Kalkspat. Sie sind um so deutlicher bemerkbar, je dunkler die Farbe des Gesteins ist.

Befinden sich nicht nur feine Klüfte und Spalten, sondern geräumige H ö h l e n in dem Kalksteingebirge, als ein Ergebnis früherer, sehr umfangreicher Lösung und mancherlei anderer Vorgänge, so kann die durch die Decke der Höhle hindurch dringende Flüssigkeit ihren Gehalt an kohlensaurem Kalk nicht an geneigten Kluftwänden absetzen. Der Absatz findet vielmehr rings um die Öffnung statt und erhält durch die tiefer und tiefer sinkende Flüssigkeit endlich zapfenartige Formen, die eine große Ähnlichkeit haben mit den Eiszapfen, wie sie sich im Winter an den Rändern unserer Hausdächer bilden. Von der Spitze der Zapfen fallen endlich die Tropfen, deren Kalkgehalt nicht völlig zur Verdickung und Verlängerung jener Zapfen verwendet wurde, zum Boden der Höhle hinab und bilden da wieder Ringe, aus denen sich allmählich ein senkrecht nach oben wachsender Stock entwickelt, der nach Jahrhunderte langer Dauer dieses Vorganges vielleicht mit dem ihm von der Decke entgegenkommenden Zapfen zu einer schlanken Säule verschmilzt. Ungemein zierlich und vielgestaltig, hier und da wieder wuchtig und kolossal, sind die Formen von Kalkspatmasse, die sich auf diese Art in Höhlen bilden. Man nennt sie Tropfstein, und die Höhlen, in denen sich derselbe ausgiebig gebildet hat, Tropfsteinhöhlen.

Doch nicht von ihnen soll hier ausführlich gehandelt werden, wir kehren vielmehr zurück zur langsamen Bildung des Calcit aus einer nicht allzu stoffreichen Lösung.

17. Kristallform des Calcit; seine Spaltbarkeit. Wir nehmen an, die Verhältnisse seien dem Absatze und der allmählichen Vergrößerung von Kristallen günstig oder wenigstens der Ausfüllung eines nicht sehr großen Hohlraumes mit vollkommen geordneter Calcitmasse. Fragen wir uns nun, was für Formen haben denn die Calcitkristalle? Im denkbar einfachsten Falle sind sie von sechs glatten und ebenen Flächen begrenzt, an die Flächen der Würfel von Steinsalz oder Flußspat erinnernd. Sie

sind aber nichts weniger als Würfel, denn ihre Flächen (P in Fig. 8) sind nicht senkrecht gegen einander angeordnet. Von den zwölf Kanten sind drei und drei um vieles stumpfer, als die Kanten eines Würfels, die sechs anderen aber um ebensoviel schärfer, und die Flächen sind nicht Quadrate, sondern verschobene Quadrate, sogenannte Rhomben. Wir nennen deshalb die ganze Form, welche so aussieht, als wäre sie ein von oben und von der Seite her ganz gleichmäßig verschobener Würfel, ein Rhomboeder. Man würde das Regelmäßige ihrer Gestalt nicht so deutlich erkennen, wenn man sie auf einer ihrer Flächen aufruhen ließe; und deshalb stellt man sie vielmehr so auf, daß eine der zwei Ecken, in denen die drei stumpfen Kanten zusammenlaufen, die Unterlage berührt (Fig. 8).

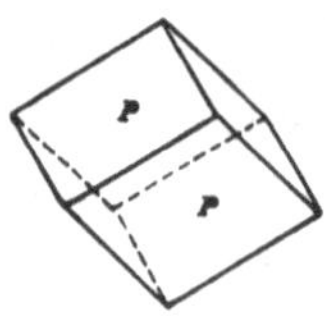

Fig. 8.

Der Kalkspat ist das formenreichste Mineral, das überhaupt bekannt ist. Man kennt an ihm viele jener verschobenen Würfelformen (Rhomboeder), deren drei und drei Kanten sehr stumpf oder auch sehr wenig stumpf sind, allerlei säulenförmige und sehr viele pyramidenartige Gestalten. Sie alle haben die gemeinsame Eigenschaft, daß eine sie wagrecht durchschneidende Fläche entweder ein Dreieck oder ein Sechseck von gleich langen Seiten ist.

Lernen wir aber noch die anderen Eigenschaften des Kalkspats kennen, zunächst seine Spaltbarkeit.

Wir haben jene in Fig. 8 gezeichnete Kristallform vor uns, die aber in der Natur so einfach, wie sie hier dargestellt ist, ziemlich selten vorkommt. In derselben Weise wie am Steinsalzwürfel, nur mit Anwendung etwas stärkerer Hammerschläge, überzeugen wir uns sehr bald davon, daß eine höchst vollkommene Spaltbarkeit genau den Flächen jener Form gleichläuft. Vielleicht sehen wir auch, wie am Flußspatkristall, seine Fugen im Innern, welche angedeutete Spaltungsfugen sind und ebenfalls den Flächen jenes Rhomboeders parallel verlaufen.

Wie auch die Kristallform des Calcit geartet sein möge, sicher können wir an ihr Spaltungsebenen hervorbringen, die genau die Lage der in Fig. 8 dargestellten Flächen haben. Auch ist es einerlei, ob wir einen einzelnen Kristall vor uns haben, der verschwindend klein, aber auch 10—20 cm lang sein kann, oder eine jener wohlgefügten grobkristallinischen Kalkspatmassen, wie sie gelegentlich ansehnliche Hohlräume in Gesteinen ausfüllen und besonders häufig in dem Marmor (S. 2) vorkommen, der selbst aus lauter kleinen Kalkspatteilchen besteht und geradezu als kristallinischer Kalkspat bezeichnet werden kann.

Ebensogut wie der Kalkspat, der Flußspat und das Steinsalz, die wir bereits kennen gelernt haben, spalten noch viele andere Mineralien nach glatten ebenen Flächen. Der Bergmann, der diese Mineralien sehr wohl von den metallisch aussehenden Erzen und von andern nicht gut spaltenden Mineralien unterscheidet, hat sie mit dem Namen der S p a t e belegt und trennt sie weiter in Flußspat, Kalkspat, Schwerspat, Feldspat usw. Wir werden noch einige dieser Spate im folgenden näher kennen lernen.

18. Doppelte Lichtbrechung (Doppelbrechung). Ein besonders klarer, schön durchsichtiger Kalkspat findet sich sowohl in einzelnen Kristallen als in grobkristallinischen Massen, aus denen man leicht große Rhomboeder von mehreren Zentimeter Breite herausspalten kann, auf der Insel Island. An seinen vollkommen wasserklaren Spaltungsformen stellte schon im 17. Jahrhundert der berühmte Physiker Huygens seine Studien über das Licht an. Aus Gründen, die wir gleich werden näher kennen lernen, nannte man diesen Kalkspat den isländischen Doppelspat. Er kam früher in ziemlich ausgiebiger Menge, fast immer gleich schön und wasserklar, vor, ist aber, da man ihn zur Anfertigung von vielerlei für das Studium der Lichtbrechung und besonders der Doppelbrechung unentbehrlichen Instrumenten brauchte, allmählich ziemlich selten und teuer geworden.

Wir wissen aus der Physik (vgl. unser Elementarbuch, § 70), daß der Lichtstrahl, sobald er aus der Luft in dichtere Körper eintritt, von seinem geraden Wege abgelenkt — gebrochen — wird. Als wir vorhin (S. 25) den Steinsalzwürfel betrachteten, überzeugten wir uns davon, daß ein auf Papier gezeichneter Punkt durch den Kristall hindurch einfach gesehen wird. Gebrochen wurde das Licht durch den Kristall allerdings, aber wir sahen von jenem Punkt dessen durchscheinendes Bild, als ob anstatt des Kristalls eine Glasplatte auf dem Papier läge. Ein durchsichtiger Kristall von Flußspat, überhaupt jeder Kristall, der ein regelmäßiger Würfel, Achtflächner oder in einer denselben verwandten Form ausgebildet ist, würde uns dasselbe zeigen.

Vom Kalkspatkristall wissen wir bereits, daß er nicht ein Würfel ist, sondern eine eigentümlich schiefe Form hat. Wir dürfen also von vornherein nicht erwarten, daß er den Lichtstrahl ganz in derselben Weise durch sich dringen lasse, wie jene Körper. Wenn wir ein etwa 2 bis 4 cm großes gutes Stück von isländischem Doppelspat oder von durchsichtigem Calcit von irgendeinem anderen Fundorte mit einer seiner Spaltungsflächen auf jenes Papier legen und das Auge gerade darüber halten, so sehen wir den Punkt nicht einfach, sondern doppelt, das eine Bild desselben etwas schärfer, das andere minder scharf, aber deutlich genug. Würden wir anstatt des dunklen Punkts auf dem Papier ein mittels einer Stecknadel in einem das Fenster deckenden Schirm gemachtes Löchelchen ins Auge fassen, vor das wir den Kalkspat hielten, so würden wir das Bild des lichten Punktes doppelt sehen.

Drehen wir nun den Kalkspatkristall ein wenig hin und her, ohne seine Fläche zu verrücken, so bemerken wir deutlich, daß die beiden Bilder näher zusammenrücken oder sich voneinander entfernen, je nachdem wir den betrachteten Gegenstand der stumpfen oder der scharfen Kante des Kristalls näher brachten.

Das ist gewiß eine sehr merkwürdige Eigenschaft, die der Kalkspat mit sehr vielen anderen Kristallen im wesentlichen gemein hat, die aber an keinem anderen in der Erde vorkommenden oder absichtlich erzeugten Kristall so deutlich beobachtet werden kann.

Der Kalkspat heißt deswegen *Doppelspat*. Es gibt aber doch eine Richtung, in der er den Lichtstrahl einfach bricht, d. h. nicht in zwei getrennte Strahlen zerlegt. Schleifen wir die von den stumpfen Kanten gebildeten Ecken ab, erzeugen wir also anstatt derselben zwei einander gleichlaufende dreieckige Flächen, wie sie in Fig. 9 oben und unten in c c gezeichnet sind, und sehen wir in einer sie senkrecht schneidenden Richtung, also gerade, auf sie durch den Kalkspat, so erscheinen uns alle Bilder, der Punkt auf dem Papier, das Löchelchen im Schirm oder was wir sonst betrachten wollen, *einfach*, als ob wir sie durch eine Glastafel, durch einen Steinsalzwürfel oder sonst einen regelmäßigen Kristall betrachten würden. In dieser einen Richtung bricht also auch der Kalkspat und mit ihm gar manches Hundert von Kristallen, denen ein ähnliches Gesetz der *Doppelbrechung* zugrunde liegt, das Licht einfach, wie es das Glas oder das Steinsalz einfach brechen.

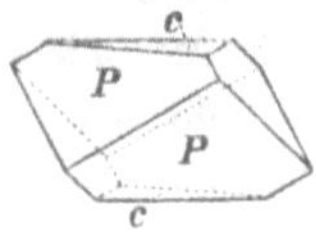

Fig. 9.

Der Kalkspat von Island und die ihm zunächst verwandten Kristalle von gleicher Durchsichtigkeit sind somit sehr wohl geeignet, die Doppelbrechung des Lichtstrahls zu beobachten.

19. *Calcit aus kalter, Aragonit aus warmer Lösung entstanden.* Der Calcit ist eines der wichtigsten und zumeist verbreiteten Mineralien der Erde, das Calcium (Chemie § 55) einer ihrer bedeutendsten Grundstoffe. Er kommt in zahllosen Ausbildungsformen, mit Ton und anderen

Mineralien zusammen vor. Wie vielfach auch die Umstände sein mögen, unter denen der Calcit sich bildete, stets läßt sich nachweisen oder vermuten, daß die Lösung von doppeltkohlensaurem Kalk, aus der er sich abschied, nicht sehr warm war. War die Lösung dagegen heiß, so schied sich mit dem Entweichen des zweiten Teiles von Kohlensäure (vgl. oben S. 38) nicht Calcit, sondern ein anderes Mineral ab, dessen Masse allerdings auch einfach kohlensaurer Kalk ist, dessen Eigenschaften sich aber sehr wesentlich von denen des Kalkspats unterscheiden.

Solcher Mineralienpaare, die der Masse nach einander gleichen, in ihren Kristallformen aber und anderen Eigenschaften sich sehr wesentlich voneinander unterscheiden, gibt es ziemlich viele in der Natur, der Calcit aber und sein Partner, der den Namen Aragonit erhielt, weil sich seine Kristalle in Aragonien in Spanien in einer sehr ausgezeichneten Form finden, ist stets das beliebteste Beispiel von solchen zweigestaltigen (dimorphen) Mineralstoffen, weil die Umstände, unter denen sich beide bildeten, ziemlich genau bekannt sind.

Auf Grundlage von Versuchen nimmt man an, daß sich aus Lösungen, die eine Temperatur von mehr als 30 Graden des 100teiligen Thermometers haben (vgl. Physik § 51), Aragonit, aus minder warmen Lösungen Calcit abscheidet.

20. Kristallform des Aragonit. Auch an und für sich ist der Aragonit ein sehr lehrreiches Mineral. Seine vielgestaltigen Kristalle haben in der mindest reichen Flächenentwicklung in der Regel die

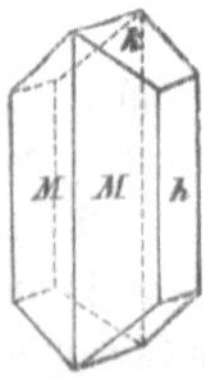

Fig. 10.

in Fig. 10 gezeichnete Form, d. h. sie stellen eine sechsseitige Säule dar, in der aber nicht alle, sondern nur die mit M bezeichneten Flächen, die einen stumpfen Winkel einschließen, untereinander gleichartig sind. Verschieden von M, aber gleichartig mit der ihr an der abgewendeten Seite des Kristalls gleichlaufenden (oder parallelen) Fläche ist die mit h bezeichnete. Über und unter ihr befinden sich die Flächen k, die wie das Dach eines Häuschens gegen die senkrecht gestellten Flächen h geneigt sind. Neben oder an Stelle der Flächen k kann auch die wagrechte, also zu M und h senkrecht gestellte Fläche vorhanden sein.

So beschaffene Kristalle finden sich in der Gegend von Horschenz im Böhmischen Mittelgebirge. Häufiger sind die Kristalle zu zwei mit ihren Flächen M miteinander verwachsen wie dies im Querschnitt in Fig. 11, oder sie sind sogar zu drei miteinander verschmolzen und bilden in diesem Falle wieder eine Art von sechsseitiger Säule, vielleicht gerieft, wie dies in Fig. 12 und 13 dargestellt ist. Da muß man denn

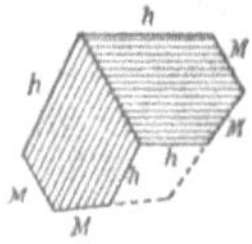

Fig. 11.

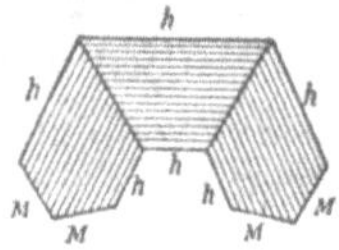

Fig. 12.

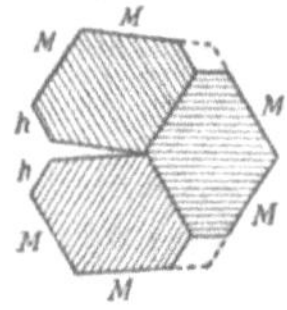

Fig. 13.

genau achthaben, daß man nicht jene einfachen mit den zu drei miteinander verbundenen Kristallen verwechsle.

Die Durchsichtigkeit der Aragonitkristalle ist in der Regel nicht vorzüglich; auch ist ihre doppelte Strahlenbrechung nicht ohne die Anwendung von Instrumenten zu erkennen.

21. Erbsenstein. Vom Aragonit sind aber nicht nur seine Kristalle und deren Wirkungen auf das sie durchdringende Licht, sondern auch die vielfach zusammengesetzten Massen interessant. Die letzteren haben in der Regel ein strahliges Gefüge und sind in vielen Fällen derart schalig gebaut, daß sie der Form und der Größe nach Erbsen gleichen. Zahllose solche Erbsenformen, untereinander leicht verkittet, bilden ein Gestein, das man Erbsenstein oder, bei sehr geringer Größe der einzelnen Kügelchen, Rogenstein genannt hat; in ihm liegen die Kügelchen aneinander wie die Eier im Rogen eines Fisches.

In Mitteleuropa gibt es einen Ort, wo dieses Aragonitgestein in seiner gröber zusammengesetzten Form (als Erbsenstein) sehr schön vorkommt, und zugleich die Art seiner Entstehung genau erkannt ist. Dieser Ort ist der berühmte Kurort Karlsbad in Böhmen. Da entspringt eine Gruppe warmer Quellen, die wärmste unter ihnen, der sogenannte Sprudel, unter lebhaftem Aufwallen, am Grunde eines von Granitfelsen eingeschlossenen Tales. Die Sprudelquelle überkrustet mit dem in ihr enthaltenen kohlensauren Kalk alle in sie getauchten Gegenstände, sogar Sträußchen von Haselnüssen oder Gräsern. Wenn nun winzige Gesteinskörnchen von den Wänden des Granits in den Strudel fielen, so wurden sie überkrustet, mehr und mehr, bis sie endlich zu schwer waren, um von der aufwallenden Quelle weiter getragen zu werden. Da fielen sie dann zu Boden oder wurden mit dem Wasser nach der Seite herausgeschleudert und bildeten so als Gestein eine ansehnliche Ablagerung. Ein Teil der Häuser von Karlsbad steht auf dieser „Sprudelschale", und man hat zu wiederholten Malen beim Bau neuer Häuser ziemlich tief in sie einbrechen müssen.

Das ist ein sehr interessantes Beispiel, und es lehrt uns, daß Rogenstein, der in den Alpen, in Ungarn, in England und in überseeischen Ländern sehr beachtenswerte Massen ausmacht, nichts anderes sei, als das Überbleibsel von heißen Quellen, die in der Vorzeit an der Oberfläche der Festländer, zumeist aber am Grunde des Meeres ausbrachen.

Ein Teil der Karlsbader Sprudelschale besteht nicht aus Erbsensteinen, sondern aus ebenflächigen Schichten von feinstengelig zusammengesetztem Kalkstein; auch dieser ist hier, so wie anderwärts, nicht Calcit, sondern Aragonit. Dieses Mineral spielt also eine wichtige und lehrreiche Rolle im Baue der Kalksteingebirge unserer Erde.

22. Umwandlung des Aragonit in Kalkspat. Wie so manches andere Mineral, das zunächst an der Oberfläche der Erde bei hochgradiger Temperatur entstanden ist, blieb auch der Aragonit nicht ewig unverändert. Unter den Verhältnissen, wie sie an der Erdoberfläche herrschen, also bei gewöhnlichem Atmosphärendruck und bei nicht hoher Temperatur, wandelte er sich durch innere Umlage-

rung seiner Teilchen in körnigen Calcit um, also in das stofflich gleiche Mineral, das zu seiner Entstehung weder einen höheren Grad von Wärme, noch von Druck bedarf. Die Kristalle von Aragonit werden demnach hier und da in feinkörnigen Calcit umgewandelt gefunden. Da diese Umwandlung ohne die mindeste Änderung der äußeren Form vor sich ging, so bilden dergleichen Vorkommnisse wichtige Beiträge zu der in der Wissenschaft längst gefaßten Überzeugung, daß die Felsmassen und die Mineralien der Erde keineswegs ewig unveränderlich sind. Sie unterliegen vielmehr, nach einem vielleicht viele Jahrtausende andauernden Bestande, den Einflüssen, welche durch Veränderungen in ihrer Lage innerhalb der festen Erdrinde, namentlich mit Bezug auf die sie bedeckenden Meere, hervorgerufen werden.

Gips, Anhydrit, Baryt.

23. Bestandteile und Kristallform des Gipses. Füllen wir eine flache Schale aus Glas oder Porzellan bis zur Hälfte mit reinem Wasser, wie es durch Abdampfen gewöhnlichen Brunnenwassers und durch Aufsammlung des Dampfes erhalten und schlechthin destilliertes Wasser genannt wird. In dem Brunnenwasser sind allerlei Mineralstoffe, in der Regel kohlensaurer Kalk, bisweilen aber auch andere Salze in Spuren enthalten. Durch die im Brunnenwasser befindliche freie Kohlensäure wurde jener gelöst erhalten, ohne dem Wasser eine üble Eigenschaft zu geben. Lassen wir es aber lange Zeit hindurch in einer Flasche oder im Glase stehen, so ent-

weicht die Kohlensäure in der Form winziger, an das Glas sich anlegender Bläschen; am Grunde aber setzt sich ein dünner, das Glas trübender Beleg von einfach kohlensaurem Kalk mit seinen Beimengungen ab. Das noch im Gefäße befindliche Wasser ist also ziemlich frei geworden von seinen mineralischen Bestandteilen; es ist aber doch nicht völlig rein, gleich dem destillierten Wasser, wie man es in chemischen oder physikalischen Laboratorien in großen Mengen vorrätig hat (vgl. Chemie, § 21).

Zu dem Versuche, den wir anstellen wollen, ist übrigens destilliertes Wasser nicht geradezu erforderlich. Wir wenden es aber an, wenn wir es zur Hand haben. In die halbgefüllte Schale legen wir nun eine gewisse Menge, z. B. 50 Gramm, grobgestoßenen Kalksteins; ob er gerade Calcit sei oder Aragonit, ist wegen der Gleichheit des Stoffs beider Mineralien nahezu gleichgültig. Beide bleiben am Grunde der Schale ungelöst liegen. Nun setzen wir aber dem Wasser etwas Schwefelsäure zu, zur Vermeidung jedes Unfalls nicht konzentrierte, sondern vorher mit Wasser verdünnte. Kaum ist die Säure mit dem Wasser oder vielmehr mit dem darin liegenden Mineral in Berührung gekommen, so entsteht ein lebhaftes Aufbrausen. Geraume Zeit hindurch dauert diese Gasentwicklung an, die nichts anderes ist, als das Entweichen der im Kalkstein enthaltenen Kohlensäure, die durch Schwefelsäure ausgetrieben und ersetzt wurde. Zugleich sind die Bröckchen von Kalkstein allmählich verschwunden; der Kalk, genauer gesprochen das nun mit Schwefelsäure verbundene Calcium, hat sich im

Wasser aufgelöst. Das Aufhören der Gasentwicklung und das Verschwundensein des letzten Bröckchens des angewendeten Kalksteins zeigt uns die Vollendung des Vorgangs (vgl. Chemie, § 55.)

In dem Wasser befindet sich nun Schwefelsäure und das damit verbundene Calcium oder schwefelsaurer Kalk, der im Wasser nicht gerade schwer löslich ist, immerhin aber eine ansehnliche Menge Wasser (etwa das 420fache seines Gewichtes) zu seiner Lösung erfordert. Lassen wir nun die Schale mit ihrem Inhalte an einem Orte, z. B. auf einem schwach geheizten Ofen, lange Zeit hindurch stehen, vielleicht zwei oder drei Tage lang, so verdunstet das Wasser ebenso wie wir dies oben (S. 8) an der Zuckerlösung sahen. Am Grunde der Schale hat sich aber ein ganzer Pelz von nadelförmigen Kristallen gebildet; wenn der Ofen nicht allzu warm und unsere Geduld nicht allzu gering war, vielleicht auch eine Menge von farblosen oder gelblichen Kriställchen von einer der beistehenden Formen (Fig. 14 u. 15).

Fig. 14.

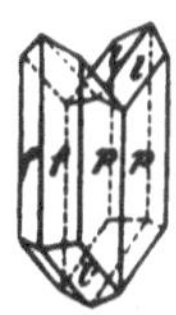

Fig. 15.

Diese Kristalle sind Gips, wasserhaltiger schwefelsaurer Kalk, wie er sich in geringen Mengen als feine Kruste unter oder auch in Kriställchen neben dem Steinsalz absetzt, wenn wir Meerwasser verdunsten lassen (vgl. oben S. 18). Immer bildet sich in oder nahe an der Oberfläche der Erde aus Lösungen von schwefelsaurem Kalk Gips, ein zu gewissen Zwecken notwendiger, im Trinkwasser aber, das er hart und übelschmeckend macht, sehr lästiger Stoff.

Um ihn genauer kennen zu lernen, benützen wir aber nicht die in jener Schale entstandenen, sicherlich sehr unvollkommenen Kriställchen, sondern Kristalle von ansehnlicher und prächtiger Durchsichtigkeit, wie sie in den Salzstöcken, hie und da in Erzgängen und in manchen Ablagerungen aus dem Meere gefunden werden.

Jene Kristallform (Fig. 14) hat mit der des Aragonit eine beiläufige Ähnlichkeit. Während aber dort die mit h bezeichnete Fläche ein Rechteck darstellt, ist p in Fig. 14 ein bei weitem mehr ausgedehntes Viereck mit zwei sehr stumpfen und zwei spitzen Winkeln (ein Rhomboid). Das Flächenpaar l l steigt ziemlich steil über den senkrechten Flächen f f empor, welche letztere einen minder stumpfen Winkel einschließen, wie dort M M. Schon aus dem Anblicke beider Formen ergibt sich, daß ihre Grundverhältnisse wesentlich von einander verschieden sind. Sehr auffallend verschieden ist auch der Doppelkristall (Fig. 15) von dem des Aragonits (Fig. 11). Beide Kristalle des Gips sind so miteinander verwachsen, daß ihre Flächen p in derselben Ebene liegen, während die Flächen l gegeneinander fallen.

24. Perlglanz eine Folge ausgezeichneter Spaltbarkeit. Am Aragonitkristall haben alle Flächen nahezu denselben glasartigen Glanz, am Gips dagegen bemerken wir, daß p das Licht eigentümlich schillernd zurückwirft. Man sagt, p zeige Perlglanz oder, in Hinblick auf die gleichfalls auf p erkennbaren Regenbogenfarben, Perlmutterglanz. Die Perlen, sowie die

inneren Seiten mancher Weichtierschalen, verdanken den ihnen eigentümlichen Glanz ihrem feinblättrigen Gefüge. Ebenso wird an Kristallen jene Erscheinung des Perlmutterglanzes auch nur auf denjenigen Flächen beobachtet, die einer ausgezeichneten Spaltbarkeit entsprechen. Der Gipskristall ist in der mit der Fläche p gleichlaufenden Ebene überaus vollkommen spaltbar. Seine Masse ist auch durchsichtig. Das Licht dringt also in ihn ein; es wird aber von den im Innern verborgenen, oft nur außerordentlich schmalen Spaltungsklüften zurückgeworfen, und eben daher kommt es, daß die äußere Fläche des Kristalls diesen eigentümlichen Glanz besitzt, der sich von dem der Nachbarflächen unterscheidet.

Wir haben hiermit nur die ausgezeichnetste Spaltungsrichtung des Gipskristalls angedeutet. Er besitzt deren noch mehrere, auf deren Betrachtung wir aber hier verzichten müssen. Wir wollen nur bemerken, daß auch der Gips wegen seiner ausgezeichneten Spaltbarkeit den Namen Gipsspat erhalten hat. Man nennt ihn aber auch Marienglas und Fraueneis.

Der Gipskristall ist nicht härter, in einzelnen Richtungen sogar weicher, als der Steinsalzwürfel. So sind denn auch die körnigen Massen von Gips, deren es in einzelnen Abteilungen der geschichteten Erdrinde nicht wenige gibt, leicht bearbeitbare Gesteine. Eine sehr feinkörnige, farblose Abänderung, die man Alabaster nennt, wird zu zierlichen Schnitzarbeiten verwendet, eignet sich dazu auch vorzüglich durch ihr dem Elfenbein ähnliches Aussehen. Eine viel wichtigere Anwendung findet der Gips in der

Landwirtschaft, um den Boden für einige Kulturpflanzen, namentlich die Kleearten, zu bereiten. Die Lager von diesem Material werden deshalb an vielen Orten aufgesucht und ausgebeutet.

Wir wissen bereits, daß der Gips, als ein Bestandteil des Meerwassers zum Steinsalz in nahen Beziehungen steht. Als selbständiges Lager erscheint er aber in der Regel ohne Salz, wahrscheinlich deshalb, weil dieses als leichtlöslicher Stoff gleich während der Ablagerung durch Wasser entfernt wurde, während der minder leicht lösliche Gips zurückblieb.

25. Anhydrit in Steinsalzlagern. Im Innern der Salzstöcke hat sich in großen Massen noch ein zweites Mineral entwickelt, das schwefelsaurer Kalk ist, aber als wasserfreie Verbindung dem Stoffe und den Eigenschaften nach vom Gips völlig verschieden. Einer seiner zahlreichen Namen ist Anhydrit, ein griechisches Wort, welches ausdrückt, daß er eine wasserfreie Verbindung ist. Schön entwickelte Kristalle davon gibt es nur an wenigen Orten, insbesondere in einem Salzstocke der österreichischen Kalkalpen und zu Staßfurt bei Magdeburg. Grobkörnige Massen aber sind häufig.

Da die Spaltbarkeit eine sehr bemerkenswerte Eigenschaft des Minerals ist, so kann man sie zur Untersuchung desselben sehr wohl benützen. Wenn man nämlich Stücke eines grobkörnigen Anhydrits der Spaltung unterwirft, so überzeugt man sich leicht, daß die Spaltungsstücke würfelähnliche Formen sind, die von Ebenen gebildet werden, die drei aufeinander senkrecht stehenden Spaltungsrichtungen entsprechen.

Man hat deshalb das Mineral früher wohl als Würfelspat bezeichnet. Betrachtet man die Spaltungsgestalten aber näher, so überzeugt man sich bald von der Ungleichartigkeit der drei Spaltrichtungen. Sie sind weder vollkommen gleich, noch haben die Flächen, die den würfelähnlichen Körper ausmachen, ganz dieselbe Beschaffenheit und denselben Glanz. Stets sind nur die untereinander parallelen, miteinander gleichlaufenden, in jeder Beziehung gleichartig. Ihren Abstand konnten wir selbstverständlich nach unserer Willkür bestimmen, je nachdem wir das Messer oder den Meißel an diese oder jene Stelle auf den Körper setzten. Die eine von ihnen ist sehr vollkommen, wie die eines Steinsalzwürfels; die zweite wird minder leicht erhalten und ist keineswegs eben so glatt, wie jene; die dritte aber zeigt sogar eine Anlage zu faseriger Beschaffenheit. Tatsache ist also, daß wir nicht einen regelmäßigen Würfel vor uns haben, wenn wir auch die Abstände der einzelnen Flächen absichtlich ganz gleich machten. Eine notwendige Folge jener Verschiedenheit der zwei aufeinander senkrechten Spaltungsrichtungen ist ihre Ungleichheit in Beziehung auf die Durchsichtigkeit, Leitungsfähigkeit für Wärme und dergleichen Eigenschaften mehr.

Der Anhydrit lehrt uns also recht deutlich, daß es würfelartige Kristallkörper geben könne, die durchaus keine regelmäßigen Würfel sind, wie etwa die des Steinsalzes, des Flußspats und anderer Mineralien. Man bedenke nur, daß von drei aufeinander senkrechten Ebenen entweder alle drei voneinander verschieden, oder daß sie zu zwei einander gleich, von der dritten aber verschieden, oder daß sie sämtliche drei einander ganz gleich sein können. Es ist klar, daß wir es nur im letzten Falle mit einem regelmäßigen Würfel (Hexaeder), in beiden anderen Fällen mit Formverhältnissen zu tun haben, die auf der Rechtwinkligkeit, keineswegs aber auf der Gleichartigkeit der drei Richtungen oder Ebenen begründet sind.

Infolge des bedeutenden Drucks, dem die Salzstöcke (S. 19) durch die auf ihnen lastenden Gebirgsmassen ausgesetzt sind und der durch allerlei Vorgänge in ihrem Innern noch wesentlich erhöht wird, haben die Anhydritmassen hie und da recht seltsame Formen angenommen. Körnig in ihrem Gefüge, sind sie hier und da gefältelt, wie eine sorglich zusammengelegte Serviette, die man von zwei gegenüberliegenden Seiten her wulstartig preßt. Man hat derartig gefaltete Anhydritmassen wohl als Gekrösestein bezeichnet.

26. Baryt; seine Kristalle. Wenden wir uns nun aber an das dritte in der Überschrift dieses Absatzes genannte Mineral, an den Baryt oder Schwerspat.

Baryum (das Schwere) heißt ein dem Calcium und Magnesium (vgl. Chemie, §§ 55 u. 56) verwandter Grundstoff, der seinem Wesen nach ein Metall, in der Regel aber nur in seinen Verbindungen mit Chlor oder mit Schwefel, insbesondere aber aus seiner Verbindung mit Schwefel und Sauerstoff bekannt ist. Die letzterwähnte ist eben das schwefelsaure Baryum oder der Baryt, der als Mineral in der Erde eben deshalb so weit verbreitet ist, weil jedes Teilchen seines

Grundstoffes in Berührung mit Schwefelsäure oder mit der Lösung eines schwefelsauren Salzes sich mit der genannten Säure sogleich zu diesem unlöslichen, festen Körper verbinden mußte.

Verschaffen wir uns ein wenig von gelöstem Chlorbaryum, wie es auf dem Arbeitstische jedes Chemikers zum Gebrauche beständig bereit steht, gießen wir einige Tropfen davon in ein Gefäß voll destillierten Wassers, setzen wir in dieses dann einige Tropfen von verdünnter Schwefelsäure oder von der Gipslösung, die wir uns schon einmal bereiteten (vgl. oben S. 50), so entsteht in der Flüssigkeit sofort eine starke weiße Trübung, die ziemlich rasch als weißer Niederschlag auf den Boden des Gefäßes niedersinkt. Das Chlorbaryum wurde zersetzt, die Schwefelsäure bemächtigte sich des Baryum, und jener Niederschlag ist schwefelsaures Baryum.

Geschah nun dasselbe nicht so stürmisch, wie wir es taten und wie es jeder Chemiker tut, wenn er in einer Flüssigkeit die Anwesenheit einer Baryumverbindung oder durch einen Tropfen von Chlorbaryum die Anwesenheit von Schwefelsäure nachweisen will, sondern ganz allmählich, in unsichtbaren Teilchen, so bildete sich nicht ein so greller Niederschlag, sondern eine wohlgefügte Masse, vielleicht ein Kristall.

Die Kristalle des Baryt sind im einfachsten Falle von vier gleichartigen, eine Dachform darstellenden und zwei mehr ausgedehnten Flächen gebildet, die ihnen die Gestalt von mehr oder weniger dicken Tafeln geben (siehe Fig. 16). Die Tafelfläche zeigt in der Regel den (S. 52) besprochenen Perlmutterglanz, weil sie die Ebene einer sehr ausgezeichneten Spaltbarkeit ist. Aber auch den Flächen M, obwohl sie nur glasartig glänzen, entspricht eine recht vollkommene Spaltbarkeit. Jene Tafelform ist also zugleich die Gestalt, in der sich zwei ganz gleichartige Spaltungsebenen, die Flächen M, mit einer dritten, der Fläche P, vereinigen. Eben diese Form, die dadurch sehr wohl gekennzeichnet ist, daß die Flächen M und P miteinander einen rechten Winkel bilden, ist eine der gewöhnlichsten Kristallgestalten des Baryt, insbesondere auf den ungarischen Erzgängen, wo er ungemein häufig und schön ausgebildet zu finden ist.

Fig. 16.

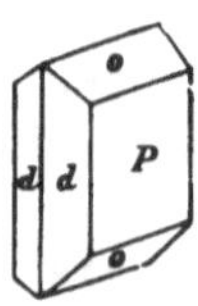

Fig. 17.

Ebenda und auf den Erzgängen anderer Länder gesellen sich zu jenen Flächen noch andere minder ausgedehnte, oder jene werden zum Teil durch Flächen ersetzt, die nicht Ebenen der Spaltbarkeit sind. So ist z. B. die Tafelform (Fig. 17), von einem senkrechten Flächenpaare d d und einem zweiten Flächenpaare o o begrenzt, welches letztere eine gegen den Leser gerichtete Dachform bildet, sowie von den entsprechenden Parallelflächen (Gegenflächen von d und o). Dagegen ist die Gestalt der Fig. 18 wesentlich anders; die Tafel ist zur Säulenform geworden, sie enthält dieselben, uns von Fig. 16 be-

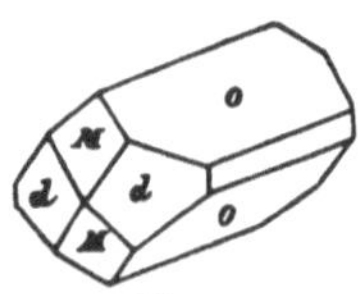

Fig. 18.

kannten Flächen M, dann die senkrechten d und, lang ausgedehnt die Flächen o. Zwischen letzteren aber ist jene Tafelebene P als schmale, gleich o langgestreckte Fläche sichtbar.

Es versteht sich von selbst, daß der Beobachter in allen ihm vorliegenden Kristallen die Spaltungsebenen zu erkennen trachte. Sie sind in der Regel in den farblosen und bläulich oder bräunlich, wohl auch gelb gefärbten Kristallen deutlich an den feinen Klüften erkennbar, die den Kristall durchziehen, die Fläche P wohl auch da, wo sie untergeordnet bleibt, wie in Fig. 18, an ihrem Perlmutterglanz.

Viele Kristalle von Baryt sind in der Regel g r u p p e n a r t i g miteinander verwachsen oder sitzen, entweder tafel- oder säulenförmig ausgebildet, auf einer gemeinschaftlichen Unterlage nebeneinander, in einem Hohlraum, einer sogenannten D r u s e. Oft haften sie auch einzeln und deshalb recht vollkommen ausgebildet auf den früher als sie entstandenen Mineralien des Erzganges oder der Druse, z. B. auf Kristallen oder Anhäufungen von Calcit. Nicht selten sind sie aber auch durchwachsen von anderen Mineralien, oder deren Kriställchen haben sich den Barytformen während ihrer Entwickelung aufgesetzt. Alle diese Verhältnisse sind sehr wichtig und lehrreich für die Entwickelungsgeschichte der betreffenden Lagerstätten. Daß man diese genau kenne, darf man erst dann behaupten, wenn man die Beziehungen ihrer einzelnen Mineralien zueinander kennt.

Auf den Erzgängen des nördlichen Ungarn gibt es z. B. vier oder fünf ihrer Entstehungszeit nach voneinander wesentlich verschiedene Barytgebilde, die vornehmlich durch ihre Beziehungen zum Calcit und manchen weiter unten zu besprechenden Mineralien gekennzeichnet sind.

27. *Eigenschwere des Baryt.* Man verschaffe sich einige genügend große Kristalle von Baryt oder Anhäufungen von solchen aus einem Mineralienkontor. Beim Handhaben derselben wird man sofort bemerken, daß der schwefelsaure Baryt ein ziemlich *schweres* Mineral ist. Deshalb hat man ihn zum Unterschied von anderen Spaten als *Schwerspat* bezeichnet. Er ist mehr als 4, in der Regel $4^1/_2$ mal schwerer als der gleiche Rauminhalt destillierten Wassers. Sein spezifisches Gewicht (vgl. Physik § 26) schwankt zwischen $4^3/_{10}$ und $4^6/_{10}$; die ungewöhnlich weite Schwankung erklärt sich durch Einmengung feiner Teilchen von anderen Mineralien und wohl auch dadurch, daß in manchen Baryten zum Baryum ein anderes, minder schweres Metall hinzukommt, einen Teil desselben ersetzend.

28. *Eigenschwere der Mineralien überhaupt.* Das spezifische Gewicht von 4 oder darüber ist in Anbetracht des Umstandes, daß unser Mineral Glas- und Perlmutterglanz besitzt, ein verhältnismäßig hohes. Die im vorhergehenden besprochenen Mineralien haben bei weitem geringere Eigenschwere. Wie man das spezifische Gewicht eines Körpers ermittelt, wissen wir aus der Physik (§ 26). Man kann sich aber durch Übung die Fertigkeit aneignen, das Gewicht irgendeines Minerals durch das bloße Heben mit der Hand abzuschätzen. Die in

Eisensteingruben beschäftigten Bergleute z. B. sind durch die erlangte Übung sehr wohl imstande, durch das bloße Emporheben von Gesteinsstücken, die mit gewissen Eisenerzen Ähnlichkeit haben, sogleich zu beurteilen, ob jene beachtenswert sind oder nicht. Sie haben keineswegs klare Begriffe vom spezifischen Gewicht und von der Bestimmung desselben durch Wägung, wie sie uns aus unserem Elementarbuche über Physik geläufig wurden, sie geben sich aber nichtsdestoweniger hinreichend genaue Rechenschaft über den etwaigen Eisengehalt der ihnen bekannten Mineralien durch Schätzung von deren Eigenschwere.

In der Folge werden wir Mineralien von weit höherem spezifischen Gewicht kennen lernen und von anderem Aussehen als die bislang betrachteten.

Quarz und Opal.

29. Die Rollsteine der Bäche und Flüsse. Jeder von uns hat sich bereits am Ufer von Bächen und Flüssen umhergetrieben und die durch das Wasser angeschwemmten Rollstücke oder „Geschiebe“ zur Hand genommen. Erging man sich an den Ufern eines großen Stromes, so fand man wahrscheinlich nur winzige Rollsteinchen, deren Größe sich kaum über die der Sandkörner erhob. Hie und da gab es etwa haselnußgroße oder auch größere Rollstücke, wohl auch ganze Bänke von Schotter, die ein Hochwasser zurückgelassen hatte. War der Fluß aber minder bedeutend, etwa gerade am Austritte aus einem Berglande in sein offenes Tal, so hatte man es mit Geschieben verschiedener Art und Größe zu tun. Wenn

der Lauf und das Quellgebiet des Flusses nicht etwa auf Kalksteingebirge beschränkt war, so befanden sich unter den Geschieben wahrscheinlich viele plattrundliche von Schiefergesteinen, aber auch nicht wenige von lichter Farbe, durchscheinend und durch mehr kugelähnliche Form von jenen unterschieden. Sie waren auch viel härter und dem Ansehen nach frischer und hielten sich vermöge ihrer Härte besonders gut. Dem Stoffe nach unterschieden sie sich voraussichtlich nicht von jenen winzigen Sandkörnchen, die unter einem Vergrößerungsglase auch kugelige Formen zeigen.

30. Der Quarz; seine Kristalle. Das Mineral, aus dem sie bestanden, war ohne Zweifel Kiesel, wie man gewöhnlich zu sagen pflegt, oder genauer bezeichnet: Quarz. Von diesem wollen wir nun sprechen. Wir wissen bereits, daß der Quarz ein Gemengteil von Felsarten ist (vgl. Geologie, §§ 24—27). Er bildet aber auch ganze Schichtenreihen, die Ausfüllungsmasse von vielen Klüften, ist in den Erzgängen eine der gewöhnlichsten Erscheinungen und nimmt überhaupt einen sehr wesentlichen Anteil an der Zusammensetzung der festen Erdrinde.

Wir würden aber den Quarz nur sehr unvollkommen kennen lernen, wenn wir ihn lediglich als Gemengteil von Felsarten oder als Rollsteinchen ins Auge faßten, wie er nach Zerfall der Gesteine in die Gewässer geriet, von diesen fortgeschwemmt und wieder abgelagert wurde. Von den frühesten Zeiten der Entwickelungsgeschichte der Erde bis in die Gegenwart währt seine Entstehung, seine Verbreitung an der jeweiligen Erdoberfläche, die Wiedervereinigung seiner Trümmer und Rollstückchen durch mancherlei Bindemittel zu Felsarten neuerer Entstehung.

Wir tun am besten, wenn wir zunächst Kristalle davon untersuchen, wie sie in Erzgängen, in Klüften und in Hohlräumen (Kristallkellern, Drusen) vieler Felsmassen sich entwickelten. Gerade in den Kristallkellern der Alpen erreichten sie oft eine beträchtliche Größe und eine sehr vollkommene Ausbildung ihrer Flächen.

Eine der gewöhnlichsten Formen, dergleichen oft zu Hunderten in einer Druse nebeneinander stehen, ist in Fig. 19 gezeichnet. Die mit den Buchstaben P und Z bezeichneten Flächen bilden miteinander eine Pyramide, deren sechs Kanten einander vollkommen gleichen, die Flächen aber sind deshalb mit zwei verschiedenen Buchstaben bezeichnet, weil sie, trotz völliger Gleichheit ihres glasartigen Glanzes, doch eigentlich nur zu drei und drei zueinander gehören. Dagegen sind die mit r bezeichneten senkrechten Flächen, die eine ganz regelmäßige sechsseitige Säule bilden, stets regelmäßig miteinander verbunden. Damit will aber keineswegs gesagt sein, daß sie stets in jeder Richtung gleich ausgedehnt sein müßten; Fig. 21 zeigt uns sogar recht auffallend, daß einzelne dieser Säulenflächen eine größere Breite haben und dann wie verzogen aussehen können; sie sind aber nichtsdestoweniger alle genau senkrecht, bilden also miteinander eine Säule von sechs ganz gleich-

Fig. 19.

winkeligen Kanten. Überhaupt können die Flächen solcher Kristalle bald mehr, bald weniger ausgedehnt sein, ohne daß dadurch deren Wesen im mindesten gestört wird. In Fig. 20 sehen wir nebst den Flächen der Pyramide und denen der Säule noch kleine mit S bezeichnete Flächen, die zu drei die Stelle der in Fig. 19 zwischen der Säule und der Pyramide befindlichen Ecken einnehmen. Sie und andere Flächen sind an Quarzkristallen oft entwickelt und deuten auf merkwürdige Eigenschaften der Kristalle hin, die wir aber nicht wohl erörtern können, weil dies über die Aufgabe dieses Elementarbuchs weit hinausgehen würde.

Fig. 20.

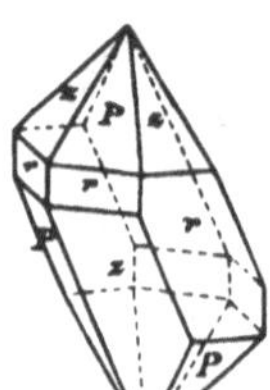

Fig. 21.

Nichtsdestoweniger wollen wir nur bemerken, daß der Quarz sehr vielerlei Kristallgestalten haben kann. Sie alle geben jenen Gesetzen Ausdruck, die besonders mit dem Gang des durch den Kristall dringenden Lichtstrahls zusammenhängen. Sie sind nicht weniger lehrreich, als die vom Calcit (S. 42 u. 43) besprochene Doppelbrechung; doch hat man vom Quarz in der Lehre vom Licht nicht soviel Anwendung gemacht wie vom Kalkspat, schon darum nicht, weil die Kristallkörper 17 mal dicker sein müßten, als die vom Doppelspat, um die dort besprochene Erscheinung der Doppelbrechung ebenso deutlich zu zeigen. So dicke Massen wären aber nicht bequem und kaum durchsichtig genug.

In der Chemie (§ 52) hat der Leser bereits erfahren, daß der Quarz nichts anderes ist als die Verbindung des Grundstoffs Silicium mit Sauerstoff. In noch viel höherem Grade als das Calcium bestimmt das Silicium die stoffliche Natur unserer Erde. Im Wesen derselben liegt es auch, daß jene Grundstoffe mit dem Sauerstoff verbunden sind. In dem Weltkörper, dessen Lufthülle aus Sauerstoff und Stickstoff gemengt ist (vgl. Chemie, § 47), muß das Silicium notwendig mit Sauerstoff zu Kieselsäure verbunden sein.

Der Quarz ist eines der wichtigsten Mineralien. Wir können auch gleich sagen warum. Gleich bei der Bildung der festen Erdrinde hat sich die Kieselsäure (vgl. Chemie, § 52) mit vielen Grundstoffen zu Silikaten verbunden. Aus solchen sind sehr viele Felsarten zusammengesetzt, so der Granit, die meisten Schiefer, die Eruptivgesteine (vgl. Geologie, § 152) und viele andere, die aus jenen entstanden sind. Indem nun die Felsarten zersetzt wurden, wobei die Kohlensäure eine Hauptrolle spielte, wurde die Kieselsäure wieder frei und in kristallinischem Zustande abgesetzt, und das ist eben der Quarz.

31. Kieselsäure mit Wasser: Opal. Quarz ist aber nicht das einzige aus Kieselsäure bestehende Mineral. Bei der Zersetzung der Felsarten, insbesondere der jüngeren Eruptivgesteine, entstand sie an vielen Orten und in ansehnlichen Massen in stofflicher Verbindung mit Wasser. Das so gebildete Mineral ist nicht wasserfrei wie der kristallisierte Quarz, es ist auch nicht kristallisiert und erscheint nicht in

körnigen, faserigen oder blätterigen, sondern in ganz gleichartigen Massen, die dem künstlichen Glase in mancher Beziehung ähnlich sind. Mittels eines Hammers entzweigeschlagen, zeigen sie, ebenso wie das Glas, keinerlei Spur von einer Spaltbarkeit nach ebenen Flächen. Sie brechen vielmehr mit gewölbten oder vertieften, glasartig oder fettartig glänzenden Flächen, haben einen muscheligen Bruch. Bringt man ein kleines Stückchen des Minerals oder deren mehrere in ein kleines Kölbchen aus Glas und erhitzt den Grund des Kölbchens über einer blau brennenden Gasflamme, so entwickelt sich aus dem erhitzten Mineral Wasserdampf, der sich im oberen, kühl gebliebenen Teile des Kölbchens in der Form feiner Tröpfchen ansetzt, wie der aus dem Munde geatmete Hauch auf einer Glasplatte.

Dieses farblose oder milchweiße, nicht selten auch wachsähnlich gelb, braun, grün oder anders gefärbte Mineral heißt Opal. Die wasserhelle Art desselben zeigt die lebhaftesten, mitunter sehr prachtvollen Regenbogenfarben. Hervorgerufen werden dieselben durch zahllose winzige Hohlräume im Innern der Masse, in denen das eingedrungene Licht gebrochen und gleichwie durch ein Prisma in feine farbige Strahlen zerlegt wird (Physik, § 73). Dieser beinahe ganz wasserhelle Opal ist, rundlich geschliffen, als Schmuckstein hoch geschätzt und heißt deshalb der „edle“ Opal. Er wird nur an wenigen Orten gefunden, unter anderen auch bei Czervenicza in Ungarn, wo er als ein Zersetzungsprodukt vulkanischer Gesteine auf Klüften derselben vorkommt. Beimischung von Eisen und anderen Substanzen macht den Opal gelb oder braun; solche gefärbte, nicht durchsichtige Massen sind sehr weit verbreitet; man bezeichnet sie als Halbopal, Jaspopal, Eisenopal und noch mit verschiedenen anderen Namen.

32. Polierschiefer. Opal ist an manchen Stellen auch in größeren Wasserbecken zum Absatz gelangt. So findet man in der Nähe jüngerer vulkanischer Gesteine zuweilen auch einen weißlichen, sehr dünnblätterigen Schiefer, der aus Myriaden von kieseligen Zellen besteht, deren Substanz sich als wasserhaltige, opalartige Kieselsäure erweist. Von diesen Zellen war jede einzelne ein Pflanzenwesen, dergleichen auch in Wasserlachen der heutigen Erdoberfläche in zahlreichen unter dem Mikroskope sichtbaren Formen existieren. Das Pulver von diesem Schiefer benutzt man unter Zusatz einer Flüssigkeit zum Blankmachen von Metallgeräten; man nennt ihn deshalb Polierschiefer.

Wir wollen hier nicht weiter davon sprechen, wie sehr verbreitet solche verschwindend winzige Pflanzenzellen in der Luft, im Staube, in manchen Erdarten sind. Eine Art davon macht sogar einen tonigen, im Moor gebildeten Eisenstein, das sogenannte Sumpferz, aus.

33. Holzopal; Kieselgelatine; Chalcedon. Indem die wasserhaltige Kieselsäure in sehr verdünnter Lösung Stammreste von Bäumen durchtränkte, die zur Zeit ihrer Entstehung aus Eruptivgesteinen in deren Umgebung wuchsen, drang sie in die feinsten Zellen und Fasern des Holzkörpers ein und

wandelte denselben in Opal um. Sehr dünne Schliffplättchen von solchem „Holzopal“ sind vollkommen durchsichtig. Sie zeigen die Holzstruktur noch bis in die feinsten Teile deutlich erhalten und gehören deshalb zu den lehrreichsten Mitteln zur Erkenntnis vom Baue des Holzes.

Manche Silikate werden von Säuren, z. B. von Schwefelsäure, leicht zersetzt, wenn man sie darin kocht. Die Kieselsäure scheidet sich als schleimige Masse am Grunde des Gefäßes ab und ist in diesem Zustande wasserhaltige Kieselsäure. Man vermag sie in einem mit Fließpapier ausgekleideten Glastrichter von der Flüssigkeit abzuscheiden. Läßt man diese abfiltrierte Kieselgelatine an der Luft trocknen, so erstarrt sie zu einem hornartigen oder knorpelartigen Körper; dieser ist seinem Wesen nach dasselbe wie der Opal.

Trägt man jedoch einen Teil davon auf ein Metallblech und erhitzt dieses stark genug, so ist die vom Blech abgenommene Masse wasserfreie Kieselsäure geworden, dasselbe wie Quarz.

Was der Chemiker in seinem Laboratorium durch starke Hitze binnen Minuten bewirkt, das kann in der Natur im Laufe von Jahrtausenden ohne Anwendung so greller Mittel entstehen. Tatsache ist, daß ein traubenförmig oder auch in dünnen Lagen auf Eruptivgesteinen sitzendes Kieselmineral, das man Chalcedon genannt hat, kaum noch Wasser enthält, sondern zum größten Teil aus verschwindend feinen Nadeln von wasserfreier Kieselsäure besteht. Auch in wasserhellen Opalen, die unter denselben

Umständen traubige oder zapfenförmige Gestalten annahmen, sind strahlenförmig verteilte Bestandteile enthalten, die das Licht doppelt brechen und deren Vorhandensein man unter einem eigens zu solchen Untersuchungen vorgerichteten Mikroskope nachweisen kann. Überdies gibt es noch zahlreiche Kieselmineralien, von denen wir einige gleich nennen werden, die aus wasserhaltiger und wasserfreier Kieselsäure bestehen.

34. *Eigenschaften von Opal und Quarz.* Schalten wir hier ein, daß reiner Opal den Lichtstrahl nur *einfach* bricht, gleich wie das künstliche Glas, daß dagegen Quarz (S. 64) ein das Licht doppelt brechendes Mineral ist. Auch in ihrer Eigenschwere und Härte sind beide wesentlich voneinander verschieden. Die Opale, wie ihre Beschaffenheit auch sein möge, überschreiten nicht das spezifische Gewicht von $2^{2}/_{10}$; der Quarz dagegen hat ein spezifisches Gewicht von $2^{7}/_{10}$. An ihm reibt sich die Spitze der härtesten Messerklinge ab, in den Opal dagegen vermag sehr harter Stahl ein klein wenig einzudringen. Diese Eigenschaften ermöglichen die Unterscheidung beider Mineralarten, wenn diese voneinander gesondert sind.

35. *Einige besonders benannte, zu ihnen gehörige Mineralien.* Es ist ratsam, sich aus einer Mineralienhandlung nachstehende Arten zu verschaffen oder sie in einer größeren Mineraliensammlung aufmerksam zu betrachten: 1. *Jaspis*, eine gelb, braun oder rot gefärbte, völlig dichte Abänderung von Quarz. Tiefgrün von Farbe, mit blutroten Punkten, wird sie, unter dem Namen

Heliotrop, nicht selten zu Siegelringen verarbeitet. 2. Kieselschiefer oder lydischer Stein genannt, ein schwarzer oder tiefgrau gefärbter Kiesel, der zum Quarz gehört und dessen sich die Goldarbeiter als Probierstein bedienen, um reines Gold gleich am Striche von unedlem Metall zu unterscheiden, das von wässeriger Salpetersäure (Scheidewasser) leicht aufgelöst wird, während das Gold ungelöst bleibt. 3. Hornstein, ein sehr dichter, licht oder dunkelgrau gefärbter Quarz, wie er in manchen Kalksteinen als Einschluß vorkommt. 4. Feuerstein, das bekannte, ehedem zum Funkenschlagen benützte Material, das in der weißen Schreibkreide hier und da in einzelnen Knollen oder auch in umfangreichen Nestern, noch öfter aber fein verteilt enthalten ist und im letzten Falle die Schreibkreide unbrauchbar macht. Dieser Feuerstein umschließt bisweilen Pflanzenzellen, wie wir ihrer oben beim Polierschiefer (S. 67) gedachten. 5. Ägyptischer Jaspis, der nichts anderes ist, als ein bräunlicher Feuerstein, wie er am unteren Nil als Flußgeschiebe gefunden und in Kairo in den Mörtel des Sockels von Häusern zur Verzierung nicht selten eingesetzt wird. 6. Karneol, ein fleischrotes, sehr inniges Gemenge von löslicher und von unlöslicher Kieselsäure. Er wird zu Petschaften, Siegelringen und Uhrgehängen gern verarbeitet. 7. Verschiedene Arten von Achat, der entweder in feinen Lagen gebändert oder in Zickzacklinien gezeichnet sein kann, wie die Pläne von Festungen, und deshalb Festungsachat genannt wird, oder auch grüne, schwarze und rote moosähnlich aussehende Einschlüsse besitzt (Moosachat). Der Achate gibt es gar mancherlei, und alte Sammlungen von geschliffenen Steinen enthalten davon gar schöne, mitunter auch sehr lehrreiche Stücke. Sehr schön sind die „Achatmandeln" von Theiß in Tirol, von Oberstein bei Kreuznach oder von Südamerika. Sie haben sich in rundlichen Hohlräumen von Gesteinen gebildet, aus deren Masse sich Kieselsäure ausschied, die in die Hohlräume eindrang und sich da in dünnen, mitunter wunderbar feinen einander umhüllenden Lagen absetzte. Manche von ihnen enthalten zu innerst eine Kristalldruse von Quarz, zuweilen von jener schön violblauen Abänderung, welche man Amethyst nennt. Aber nicht nur zu innerst, auch in den einander umhüllenden Lagen gibt es häufig wasserfreie Kieselsäure, freilich nur in feinen Streifchen.

Außer diesen Arten gibt es noch eine große Anzahl von Abänderungen von Kieselsäure, deren Namen hier zu nennen zu weit führen würde. Es ist aber wünschenswert, sie in einem mineralogischen Museum zu betrachten. Man wird da noch gar viele schöne Stücke sehen, die alle miteinander dazu geeignet sind, befriedigende Kenntnis von den wichtigen Mineralarten Quarz und Opal zu verschaffen.

Hornblende und Augit.
Die Glimmergruppe. Granat.

Es gibt weit über 100 verschiedene Verbindungen von Kieselsäure in der Natur. Führen wir als Beispiel noch einige wenige an, indem wir zugleich ihren Anteil an der Zusammensetzung von Felsarten hervorheben.

36. Hornblende und Augit sind die Namen von zwei Mineralarten, die als Gemengteile von Felsmassen überaus häufig und in zahlreichen Abänderungen vorkommen. Von beiden gibt es farblose, grüne und schwärzliche Varietäten.

Der Name Hornblende bezieht sich gerade auf die dunkelfarbigen Abarten der einen Mineralart; der Leser wird sie in einem mineralogischen Museum häufiger als Amphibol bezeichnet finden. Sie ist es, die in schiefrigstänglicher Ausbildung sich zu weit verbreiteten Felsarten, den Hornblendefelsen oder Amphiboliten, zusammensetzt. Auch die grüne Varietät des Amphibol, die unter dem Namen Strahlstein bekannt ist und vor deren die Haut leicht reizenden Nadeln wir den Leser warnen wollen, bildet als Strahlsteinschiefer ein namentlich in der Mittelkette der Alpen bekanntes Gestein.

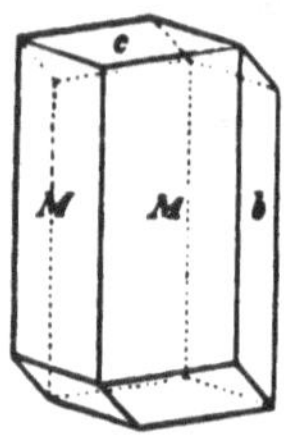

Fig. 22.

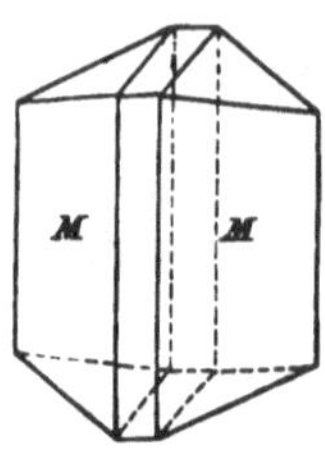

Fig. 23.

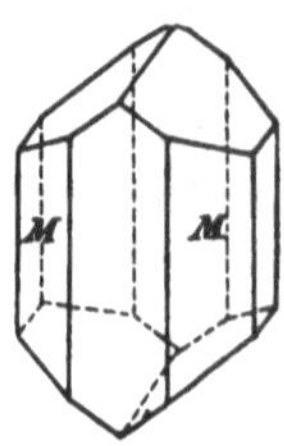

Fig. 24.

In einzelnen, ringsum ausgebildeten Kristallen, von deren mindest flächenreichen Formen beistehende Fig. 22 u. 23 vom Amphibol, Fig. 24 vom Augit eine Vorstellung geben mögen, kommen die schwarze Hornblende und der schwarze Augit (oder Pyroxen) häufig in Eruptivgesteinen eingewachsen vor, und zwar besonders schön in dem Basalt und in dem zu diesem gehörigen Trümmer- oder Tuffgestein der Gegend von Schima und Boreslaw im Böhmischen Mittelgebirge. Aber auch in der Eifel, im Westerwald, am Vesuv und am Ätna finden sich in den Laven sehr schöne Kristalle von Augit.

Während die schwarzen Kristalle von Augit keine deutliche Spaltung zeigen, sind die äußerlich oft sehr ähnlichen Kristalle von Hornblende durch eine sehr gute Spaltbarkeit ausgezeichnet, und zwar geht diese nach zwei Richtungen, die gleichlaufend mit den Flächen **M M** (Fig. 22, 23) einen stumpfen Winkel einschließen.

Der Amphibol (Hornblende) und der Pyroxen (Augit) gehören nicht zu den sehr leichten Mineralien, und ihr spezifisches Gewicht erreicht nicht selten 3, ja überschreitet sogar bisweilen diese Höhe. Hinsichtlich ihrer Härte sei bemerkt, daß sie von der Spitze einer Taschenmesserklinge ohne sonderliche Anstrengung geritzt werden.

Die Kieselsäure ist in ihnen mit den Metallen Magnesium, Calcium, Eisen und Aluminium, in einer in Kalkstein eingewachsenen weißen Art des Pyroxen, dem Wollastonit oder Tafelspat, sogar ausschließlich mit Calcium, verbunden. Auch Mangan, Natrium und Lithium sind in einigen seltenen Arten der beiden Mineralien enthalten.

Der Amphibol findet sich vorzugsweise in Gesteinen, die reich an Kieselsäure sind und Quarz als wesentlichen Gemengteil führen; Pyroxen dagegen ist häufiger in den kieselsäurearmen Gesteinen anzutreffen.

37. Die Glimmer genannten Mineralien, deren Undurchlässigkeit für Wärme wir oben (S. 25 u. 26) flüchtig erwähnten, machen eine besondere Gruppe aus. Alle Glimmerarten sind in einer Ebene höchst ausgezeichnet spaltbar; daneben besitzen sie aber auch noch andere auf jener nahezu senkrecht stehende Spaltungsrichtungen. Alle Glimmer haben da, wo sie in vereinzelten Kristallen erscheinen, eine sechseckige Form. Nichtsdestoweniger hat diese mit den Kristallen des Calcit oder des Quarz keine wirkliche Verwandtschaft, mehr mit denen des Gips, wie genauere Untersuchungen erwiesen haben.

Die Glimmerarten sind entweder farblos bis silberweiß und hellbraun und in diesem Falle selbst in ziemlich dicken Platten höchst vollkommen durchsichtig, oder dunkelfarbig, beinahe schwarz. Spaltet man von diesen Blättchen von geringer Dicke ab und betrachtet sie im durchfallenden Licht, so zeigen sie entweder grüne oder braune Farbentöne. Manche solcher Glimmer, zumal die dunkelgefärbten, enthalten nebst Kieselsäure und Aluminium den Grundstoff Magnesium, wogegen andere, farblose oder lichter gefärbte, durch ihren Gehalt an Kalium ausgezeichnet sind. Die nicht zersetzten Glimmer geben erst beim Glühen etwas Wasser ab. Man findet die Glimmer häufig in granitartigen Gesteinen eingewachsen oder im Schutt dieser Gesteine in zahllosen Blättchen umherliegen; zumeist sind sie dann ein wenig zersetzt. Der ihnen vermöge ihrer ausgezeichneten Spaltbarkeit eigene Perlmutterglanz verleiht ihnen ein metallähnliches Glitzern und hat den ursprünglich farblosen den Volksnamen Katzensilber, den dunklen den Namen Katzengold verschafft. Diese Ausdrücke sind so weit verbreitet, daß sie sich in wortgetreuer Übersetzung beinahe bei allen Nationen Europas wiederfinden. Nicht selten meint der Ungebildete, der beim Mondscheine auf eine glimmerreiche Stelle am Boden trifft, einen Schatz gefunden zu haben und bringt dergleichen Zersetzungsprodukte zur mineralogischen oder chemischen Untersuchung. Hie und da hat sich jene täuschende Goldähnlichkeit auch an dunklen Glimmermassen hergestellt, die noch im Gesteine sitzen. Da hält es mitunter schwer, den Finder von seinem Wahne abzubringen.

Dunkelgrüner oder brauner Glimmer schmiegt sich bisweilen in granitartigen Gesteinen den Platten von farblosem Glimmer auf das innigste an. Auch pflegen beiderlei Glimmer in einer Felsart gemengt zu sein, die aus gleichlaufend gelagerten Glimmerblättchen besteht und dadurch ausgezeichnet schiefrig ist. Sie wird mit dem Namen Glimmerschiefer bezeichnet. In der Regel enthält der Glimmerschiefer außer dem Glimmer nur noch körnigen Quarz, in einigen Gegenden der Alpen auch Calcit, sowie in großer Verbreitung die weiter unten zu besprechenden Mineralarten Granat, Turmalin und andere.

Manche Glimmerplatten schließen deutlich sichtbare

Kristalle von allerlei Kieselverbindungen (wie Turmalin und Granat) ein, wieder andere winzige, mit freiem Auge nicht sichtbare, im Dreieck oder im Sechseck aneinander gefügte Kristallnadeln (von Turmalin, Rutil usw.). Letztere sind die Ursache, daß ein Lichtpunkt oder eine Kerzenflamme, durch einen solchen Glimmer betrachtet, den man dicht vor das Auge halten muß, als prachtvoller sechs- oder zwölfstrahliger Lichtstern erscheint.

In alter Zeit wurde der farblose Glimmer in der russischen Marine zu Fensterscheiben benutzt. Bevor man die Herstellung sehr dünner Glasplättchen verstand, war er allgemein zum Decken der Gegenstände zur Beobachtung unter dem Mikroskope im Gebrauch. Wegen seiner Nichtdurchlässigkeit für Wärme wurden später Lampenzylinder aus Glimmer angefertigt. Auch zu Schirmen, zur Abhaltung der strahlenden Wärme vom Gesicht und den Händen empfindlicher, bei Gaslicht arbeitender Personen ist er trefflich geeignet. In neuerer Zeit wird er in großen Mengen für die Türen an den sog. Amerikaner Öfen verwendet.

Die schönen Licht- und Farbenerscheinungen, die am Glimmer zu beobachten sind, wird der Leser in seinen künftigen physikalischen Studien kennen lernen. Hier handelte es sich nur darum, ihn mit einigen Tatsachen über das Wesen der Glimmerarten und die wichtige Rolle bekannt zu machen, die sie in vielen Gesteinen der festen Erde spielen.

38. D e r G r a n a t. Wenden wir uns nun zur Betrachtung eines Minerals, dessen Einbettung im Glimmerschiefer wir oben erwähnten, des G r a n a t.

Seine gewöhnlichste Kristallform ist in Fig. 25 dargestellt. Es ist die des regelmäßigen Zwölfflächners (Dodekaeder), dessen Begrenzungsebenen gerade über den Kanten des Würfels liegen (Fig. 26). Würde man die Kanten des Zwölfflächners wieder durch Flächen ersetzen, so erhielte man einen 24flächner, wie er in Fig. 27 in Verbindung mit dem Zwölfflächner, in Fig. 28 für sich allein gezeichnet ist.

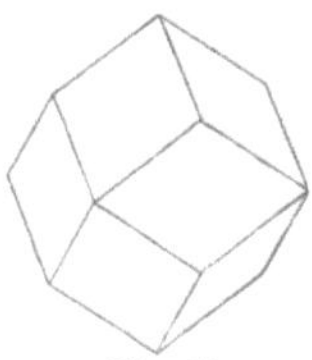

Fig. 25.

Diese Kristallform ist in der Natur außerordentlich stark verbreitet, beinahe allen Mineralien eigen, die

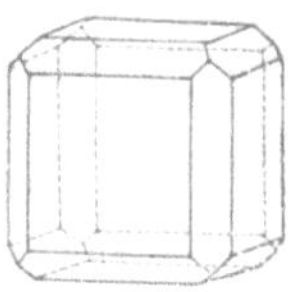

Fig. 26.

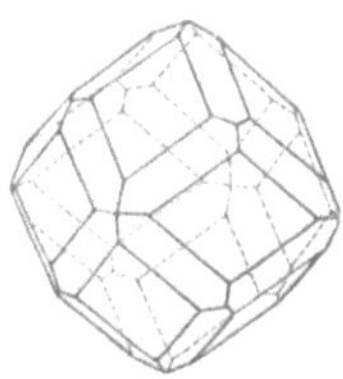

Fig. 27.

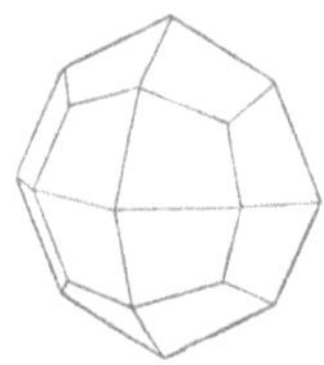

Fig. 28.

überhaupt regelmäßige, zum Würfel und zum Achtflächner in Beziehung stehende Kristallformen haben.

Der Granat ist eine Verbindung von Kieselsäure und Aluminium mit Calcium, Eisen, Magnesium und anderen Grundstoffen. Seine Abänderungen sind je nach seiner stofflichen Zusammensetzung außerordentlich zahlreich und zum Teil prächtig gefärbt. Man kann kaum schönere Mineralien sehen, als die erbsengroßen, durchsichtig gelben oder die viel größeren grünen Kristalle von Kalkgranat und die schönen blutroten, zu beliebten Schmucksteinen geschliffenen böhmischen Granaten, die sog. Pyropen. Auch die in

Glimmerschiefer und anderen Schiefergesteinen sitzenden Zwölfflächner, die bisweilen die Größe eines mittleren Apfels erreichen, sind in ihren gelbbraunen oder rötlichen Farben sehr ansehnliche Mineralien. Die Juweliere nennen sie mitunter „edle" Granaten, obwohl eigentlich nur die böhmischen und die grünen sibirischen Granaten als Schmucksteine Bedeutung haben. Ihre, die des Quarz übertreffende Härte gibt ihnen einiges Anrecht auf den Rang eines Edelsteins. Es gibt auch einen schwarzen Granat, der anstatt des Aluminiums Eisen in seiner Mischung hat. In sehr niedlichen Kristallen der Form Fig. 27 wird er besonders im Albanergebirge bei Rom gefunden. Endlich sei noch angedeutet, daß es auch körnige Anhäufungen von Granat, einen eigentlichen Granatfels gibt, der häufig nahe an Eruptivgesteinen, da wo sie Kalksteingebirge durchsetzen, aber auch in der Nähe mancher Erzlagerstätten entwickelt ist. Da der Granat in vielen kristallinischen und Eruptivgesteinen vorkommt, ist er eines der wichtigsten Mineralien.

Die Feldspatgruppe. Turmalin.

39. Gemeiner Feldspat. Die Mineralien der Feldspatgruppe sind von großer Wichtigkeit nicht nur wegen ihres hervorragenden Anteils an der Zusammensetzung der meisten Felsarten, sondern auch wegen ihrer Zersetzungsprodukte. Wir wollen deshalb wenigstens den gemeinen Feldspat, welcher der ganzen Gruppe den Namen gibt, aufmerksam betrachten.

Nicht die schönsten und flächenreichsten, wohl aber die größten Kristalle, auch die bedeutendsten Massen in einigen Gesteinsarten, z. B. im Granit, gehören dem gemeinen Feldspat zu; man nennt ihn oft Feldspat schlechthin. Seine Kristalle, von denen die Fig. 29, 30, 31 eine Vorstellung geben, haben gleich denen des Gips und vieler anderer Mineralarten die Eigentümlichkeit, daß sie durch eine senkrechte Ebene in zwei ganz gleiche Hälften zerlegt gedacht werden können. Ihre in der Regel am größten ausgedehnte Fläche M ist gleichlaufend (parallel) mit jener Ebene; sie haben also oft ein tafelartiges Aussehen. Die Tafel ist oben und unten durch eine geneigte Fläche P und eine steil geneigte Fläche x begrenzt. Vorn und rückwärts steht ein Flächenpaar senkrecht, bezeichnet mit T und l.

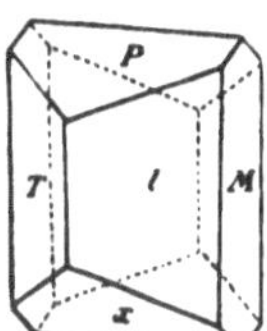

Fig. 29.

Fig. 30.

Fig. 31.

Der Fläche P und der Tafelebene M läuft eine ausgezeichnete Spaltbarkeit gleich oder parallel. Ihre Ebenen, die mittels eines guten Meißels hervorgebracht, glatt und lebhaft glänzend sind, durchschneiden einander unter rechten Winkeln, wodurch sich der gemeine Feldspat von den ihm sehr ähnlichen verwandten Arten unterscheidet. Diese sehr ausgezeichnete Spaltbarkeit kann wohl auch Ursache werden, daß der Kristall auf jenen Flächen anstatt des Glasglanzes einen Perlmutterglanz zeigt.

Die in manchen Granitgesteinen ausgebildeten Kristalle oder vielmehr Doppelkristalle, wie Fig. 30 sie darstellt, erreichen die ansehnliche Länge von 3—8 Zentimeter und bei mäßiger Dicke eine ebenso große Breite. Die äußeren Flächen solcher Kristalle sind aber keineswegs glatt und glänzend, vielmehr von anhaftender Gesteinsmasse recht uneben und rauh. Auch ist ihre Masse trüb und grau geworden oder hat eine rötliche Farbe, die man fleischrot zu nennen pflegt, weil sie der Farbe rohen Fleisches ähnlich ist. Das getrübte Aussehen der Kristalle rührt davon her, daß ihre Masse nicht mehr ganz frisch, vielmehr ein wenig zersetzt ist; Luft und Regen, insbesondere die dem Wasser beigemengte Kohlensäure, wirkten seit undenklichen Zeiten auf das Gestein und brachten den Beginn seiner Zersetzung hervor, wovon wir weiter unten noch ausführlich sprechen werden.

Nur die im Innern der Gesteine oder in Drusen und auf Klüften geschützt sitzenden Kristalle sind frisch geblieben. Zuweilen haben sie durch färbende Stoffe oder durch eingeschlossene metallische Teilchen lebhafte Farben oder einen eigentümlichen Schiller erhalten.

Die in den Felsarten eingeschlossenen Feldspatkristalle sind selbstverständlich so alt wie diese; man würde aber irren, wenn man die in den Hohlräumen der Gesteine sitzenden, oft mit anderen Mineralarten verwachsenen Feldspatkristalle für ebenso alt hielte, wie das Gestein. Sie können vielmehr um vieles später entstanden sein, und es überrascht uns deshalb keineswegs, wenn wir sie mit Mineralien verwachsen finden, denen wir kein hohes Alter beimessen. Übrigens sind auch die zur Masse des Gesteins gehörigen Kristalle mitunter sehr jung. Die Laven unserer Feuerberge, die, vielleicht erst vor wenigen Jahren aus dem glutflüssigen Zustande hervorgegangen, nichtsdestoweniger älteren Eruptivgesteinen sehr ähnlich sind, bestehen ja, gleich diesen, aus Gemengen von Feldspat, Augit und anderen Mineralarten.

Die *Härte* des Feldspats ist geringer als die des Quarzes und etwa ebenso hoch als die der Hornblende oder des Augit. Man vermag deshalb mit einer scharf darüber hingeführten Messerspitze seine Kristallflächen ein wenig zu ritzen. Im *spezifischen Gewicht* überschreitet der Feldspat nicht wesentlich $2\,{}^{6}/_{10}$, kommt also in dieser Eigenschaft dem Quarz und dem Calcit sehr nahe.

Der gemeine Feldspat ist eine Verbindung von *Kieselsäure*, *Aluminium* und *Kalium*. Durch den Gehalt an Kalium unterscheidet er sich von dem *Albit*, der ebenfalls aus Kieselsäure und Aluminium, aber in Verbindung mit Natrium, besteht. Auch in der Kristallform weicht der Natriumfeldspat oder Natronfeldspat Albit von dem gemeinen Feldspat (Kalifeldspat) etwas ab. In ihrer stofflichen Zusammensetzung bildet die Mehrzahl der Feldspatarten eine gesetzmäßige Reihe, deren einzelne Glieder durch ihren Gehalt an Kieselsäure und dadurch voneinander verschieden sind, daß sie entweder Kalium, wie der gemeine Feldspat, oder nur *Natrium* wie der Albit, oder beide Metalle, oder aber neben Natrium und

Kalium auch noch Calcium (in den Kalknatronfeldspaten) oder dieses letztere allein (im Kalkfeldspat oder Anorthit) als wesentlichen Bestandteil enthalten.

Wir bemerkten oben, daß Feldspatkristalle von ansehnlicher Größe der Zersetzung nicht ganz widerstehen. Um wieviel mehr unterliegen ihr kleinere Massen im Gemenge mit anderen Mineralien oder zum größten Teile aus Feldspat bestehende Grundmassen mancher Felsarten!

Diese Zersetzung beruht im wesentlichen darin, daß jene Metalle Kalium, Natrium oder Calcium mit der das Mineral durchdringenden Kohlensäure sich verbinden, mit ihr leichtlösliche Salze bilden und mit dem Wasser entweichen, während das Aluminium mit Kieselsäure und Wasser als kieselsaure Tonerde zurückbleibt. Wasserhaltige kieselsaure Tonerde ist aber nichts anderes als Ton, in seiner reinsten Beschaffenheit der zur Bereitung des Porzellans geeignete Ton, den die Chinesen schon vor mehr als einem Jahrtausend zu bearbeiten verstanden und Kaolin nennen. Minder reine Massen sind unsere gemeinen Tonarten, die in den verschiedensten Abänderungen mancherlei geschichtete Gesteine bilden und in den jüngeren Ablagerungen weit verbreitet sind. Enthalten sie die Reste von Seetieren, so wurden sie als Schlamm am Grunde des Meeres, wenn sie dagegen die Reste von Süßwassergeschöpfen einschließen, in Landseen oder von Flüssen abgelagert.

Die Bildung von Ton beobachten wir an vielerlei Feldspatgesteinen, überzeugen uns auch leicht davon, wie er von den Gewässern bis ins Meer hinausgetragen wird. Die in den Gesteinen enthaltenen Quarzkörnchen und Glimmerschüppchen werden weniger weit fortgetragen, als Sand abgelagert und durch allerlei Bindemittel, bald durch feine tonige Teilchen, bald durch den aus den Tierresten gelösten kohlensauren Kalk, zu Sandstein verfestigt.

So waltete an der jeweiligen Erdoberfläche ein beständiges Werden und Wiedervergehen im Laufe unendlich langer Zeiträume. Wir würden die Gesetzmäßigkeit dieser Vorgänge nicht recht verstehen, wenn wir nicht auf den Beginn derselben in den einzelnen Mineralarten achteten.

40. Kristalle des Turmalin. Schalten wir hier einige Bemerkungen über ein wichtiges Mineral ein, über den Turmalin. Beistehende Fig. 32 und Fig. 33 geben eine Vorstellung von seinen merkwürdigen Kristallen. Während in der Regel eine sechsseitige Säule (s in Fig. 33) und eine dreiseitige Säule (l in Fig. 32) ihn senkrecht begrenzen, sehen wir bald, wie in Fig. 32, oben und unten drei geneigte Flächen eine dreikantige Ecke bilden, bald, wie in Fig. 33, oben außer den 3 Flächen P noch 3 kleinere Flächen O hinzukommen, unten dagegen eine einzige wagerechte Ebene liegt.

Fig. 32.

Solche an ihren beiden Enden verschieden ausgebildete Kristalle sind am Turmalin eine nicht seltene Erscheinung. Sie hängt damit zusammen, daß der Kristall erwärmt, an dem Ende mit der dreikantigen Ecke elektrisch wird wie eine mit dem Tuche unseres

Fig. 33.

Rockes geriebene Siegellackstange, an dem anderen Ende mit der wagerechten Fläche dagegen elektrisch wie ein geriebener Glasstab (Physik, § 77). Die Siegellackstange zieht ebensogut wie der Glasstab Aschenflocken, feine Papierschnitzel und dergleichen Gegenstände von sehr geringem Gewichte an. So stark wird die Anziehungskraft des Turmalins in der Regel nicht, doch kann man sich an geeigneten Vorrichtungen, dem Goldblatt-Elektroskop (siehe Physik, § 81), leicht davon überzeugen, daß der elektrische Zustand an dem einen Ende der des Harzes, am anderen dagegen der des Glases ist. Schon in alter Zeit kannte man das Mineral unter dem Namen Aschenzieher.

41. Doch ist es nicht gerade diese Eigenschaft, die uns dazu bestimmt, den Turmalin hier zu betrachten, sondern seine sehr merkwürdigen Wirkungen auf den Lichtstrahl. Nimmt man zwei aus einem Turmalinkristall, der grün, bräunlich oder ganz schwarz sein kann, der Länge nach geschliffene Plättchen und legt sie in gleichem Sinne (parallel) übereinander, so sieht man das Sonnenlicht in der betreffenden Farbe, auch durch dünne Plättchen von schwarzem Kristall, sehr hell durchscheinen. Dreht man dagegen die Plättchen gegeneinander so, daß eines derselben mit seiner Längsachse senkrecht, das andere wagerecht gestellt wird, so sieht man da, wo sie einander decken, gar kein Licht durchscheinen. Der Turmalinkristall hat nämlich die Eigenschaft, den durch ihn tretenden Lichtstrahl in einen Zustand zu versetzen, der es ihm

nur möglich macht, durch ein gleich gerichtetes Turmalinplättchen zu dringen, nicht aber durch ein unter rechtem Winkel dagegen gekreuztes.

Die Ursachen dieser merkwürdigen Erscheinung wird der Leser in seinen künftigen physikalischen Studien genau kennen lernen. Hier handelt es sich nur darum, ihn mit dem Mineral einigermaßen bekannt zu machen, das in Instrumenten zur Untersuchung des Lichtes vielfach Anwendung findet und hier nächst dem Doppelspate (oben S. 42) vielleicht das Wichtigste ist.

42. Die Verbreitung des Turmalins in den Felsarten. Der Turmalin ist in Schiefer- und Granitgesteinen keine seltene Erscheinung. Gruppen von großen, mit Quarz verwachsenen Kristallen bilden hie und da umfangreiche Anhäufungen. Stengel des Minerals sind in Schiefern allenthalben zu finden, manchmal eingebettet in die Glimmerblättchen (S. 75). Vermöge seiner Härte, welche die des Quarzes um ein weniges übertrifft, hat er sich als Geschiebe in vielen Sand- und Schotterablagerungen erhalten.

Von seiner stofflichen Zusammensetzung sprechen wir deshalb nicht, weil in ihm der Grundstoffe allzuviele, darunter auch mancherlei seltene, mit der Kieselsäure verbunden sind.

Einige wasserhaltige Verbindungen der Kieselsäure.

43. Talk und Meerschaum. Nebst den oben besprochenen Tonen gehören sehr viele Mineralien hierher, z. B. der fettig anzufühlende, blätterige,

glimmerähnliche Talk, von dem eine feinkristallinische, dichte Abart, der Speckstein, von unseren Handwerkern zum Schreiben auf Tuch, zum Schlüpfrigmachen der Handschuhe und Stiefel, zu allerlei geschnittenen und gedrehten Gegenständen und zu Gasbrennern benutzt wird, dann der zu Pfeifenköpfen, Zigarrenspitzen u. dgl. verwendete Meerschaum und viele andere zum Teil sehr schöne Mineralien.

44. Der Serpentin ist besonders zu beachten, weil er hier und da auch als Gestein vorkommt, das aus augit- und hornblendehaltigen Felsarten entstanden ist. Er ist ein wasserhaltiges Silikat von Magnesium; das Mineral aber, aus dem er besonders gern hervorgeht, ist ein wasserfreies Magnesiumsilikat, der Olivin, der sowohl allein für sich gewisse Gesteine (Olivinfels) zusammensetzt wie als Gemengteil von anderen, z. B. von Basalt, bekannt ist. Im wesentlichen ist es also die Aufnahme von Wasser in das Stoffgemisch, die den Serpentin erzeugt.

In ähnlicher Weise sind auch viele andere wasserhaltige Silikate entstanden und entstehen in der Erde noch heutzutage. Man darf also wohl behaupten, daß unser Planet sein Wasser, mit dem er so überreichlich ausgestattet ist, beständig in sich verarbeite und daß schon deshalb die Erde niemals so viel Festland besaß, wie in der Gegenwart.

45. Die Bedeutung des Serpentins in Kalksteinen. Was uns den grünlich, in der Regel sehr dunkel gefärbten Serpentin, der in seiner Härte dem Calcit gleichkommt, besonders interessant macht, ist nicht seine Verwendbarkeit zu allerlei auf

der Drehbank erzeugten Gerätschaften, vielmehr seine Gegenwart in sehr alten Kalksteinen. Er sitzt darin hie und da fein verteilt in Formen, die man für die Ausfüllungsmasse der kleinen Hohlräume von tierischen Organismen halten konnte. Sie sind es nicht wirklich, wie neuere Untersuchungen nachgewiesen haben; nichtsdestoweniger ist es gar nicht unwahrscheinlich, daß der Serpentin und manches stofflich mit ihm verwandte Mineral an der Erhaltung von Tierresten beteiligt war, die zu den ältesten der Erde gehören. Die Lager von körnigem Kalkstein (oder Marmor) in sehr alten Schiefern, die aus Glimmer, Feldspat, Quarz u. dgl. bestehen, können ja auch nicht anders entstanden sein, wie jüngere Kalksteine: aus dem zu den Gerüsten und Schalen der Seetiere verarbeiteten Kalk (vgl. oben, S. 36). Wenn nun eine Verbindung von Kieselsäure mit Magnesium, wie der Serpentin, in jenen Kalksteinen eingebettet ist, so kann er nicht ganz außer Beziehung geblieben sein zu den Resten der Tiere, die an der Bildung jener Kalksteine beteiligt waren.

Mineralien und Gesteine sind entstanden und wieder zersetzt worden, während andere sich bildeten. Es darf uns also nicht wundernehmen, daß von den Organismen, die in Urzeiten an der Oberfläche und in den Meeren der Erde lebten, nichts übrig blieb; sie sind jedenfalls im allgemeinen viel hinfälliger und viel leichter zerstörbar gewesen, als die gleichzeitig entstandenen Mineralien und Gesteine, und werden sicherlich gleichzeitig mit der Umwandlung der letzteren auch ihre Form und Struktur verloren haben. Myriaden von Vorgängern der ältesten Organismen, die in den Schichten der Erde auftreten und eine überraschend hohe Entwicklungsstufe zeigen, dürften somit bei der Zersetzung und Umwandlung der Schichtgesteine spurlos verschwunden sein.

46. Zur Gruppe des Chlorit hat man eine Reihe von grünen, blätterigen, glimmerähnlichen, zum Teil auch in ansehnlichen Kristallformen ausgebildeten wasser- und tonerdehaltigen Magnesiumsilikaten gezählt. In den Alpen und in anderen Gebirgen bilden sie über dem Glimmerschiefer den sogenannten Chloritschiefer, der hier und da an eingewachsenen Kristallen von verschiedenen Mineralien ziemlich reich ist.

47. Die nicht magnesiumhaltigen Gruppen. Einige Gruppen von wasserhaltigen Verbindungen der Kieselsäure enthalten kein Magnesium als wesentlichen Mischungsteil, sondern außer Aluminium nur noch Kalium, Natrium oder Calcium, sind überhaupt abgesehen von ihrem Wassergehalt in ihrer Stoffmischung den Feldspaten ähnlich. Sie sind in älteren und jüngeren Eruptivgesteinen heimisch; in diesen sind sie aber nicht von Anfang an vorhanden gewesen, sondern erst nachträglich auf Klüften und in Drusen unter dem Einfluß heißer Lösungen in Form von meist sehr schön ausgebildeten Kristallen entstanden. Es gehören hierher der Analcim, der die in Fig. 28 (S. 77) abgebildete Form hat, der Chabasit, der in seiner Hauptform der Grundgestalt des Calcit (Fig. 8, S. 40) ähnlich ist, der in seiner Kristallform dem Gips verwandte Des-

m i n und noch viele andere. Eine Eigenschaft haben sie gemeinsam, ein geringes spezifisches Gewicht, das $2^3/_{10}$ in der Regel nicht überschreitet.

Aber auch von schweren Metallen, wie Zink, Kupfer u. a. (siehe Chemie, §§ 59 u. 60) gibt es sehr prächtige Verbindungen mit Kieselsäure und Wasser. Das erstgenannte Metall ist enthalten im K i e s e l z i n k e r z oder G a l m e i, welches besonders auch deshalb bemerkenswert ist, weil es wahrscheinlich durch zufälliges Zusammenbringen mit Kupfer in vorgeschichtlicher Zeit Veranlassung gab zur Entdeckung der Bronze, die in ihrer Verarbeitung zu Werkzeugen und Schmuck eine ganze vorgeschichtliche Periode charakterisiert. Eine der Verbindungen mit Kupfer ist der D i o p t a s, ausgezeichnet durch seine schöne grüne Farbe, welche mit der des als Edelstein hochgeschätzten Smaragdes verglichen werden darf.

So gibt es der wasserhaltigen Kieselmineralien gar viele, die in einer oder der anderen Hinsicht den schönsten und wichtigsten Mineralien beizuzählen sind. Doch mögen die genannten wenigen Beispiele genügen.

Bislang betrachteten wir noch gar kein Mineral, das in Glanz und Farbe den Metallen gleicht, welche Gegenstände des menschlichen Verkehrs sind, aus denen unsere Zier- und Arbeitsgeräte verfertigt und die Münzen geprägt werden. Wir werden einige solche Mineralien aber bald kennen lernen, indem wir uns den Verbindungen der schweren Metalle mit Sauerstoff zuwenden.

Einige Verbindungen schwerer Metalle mit Sauerstoff.

48. Das Eisen soll als das Metall der Gegenwart und eines der wichtigsten Mittel zur Erreichung der menschlichen Kultur den Vortritt haben.

Das Eisen verbindet sich bekanntlich sehr leicht mit Sauerstoff. Die Verbindung, die an der Erdoberfläche meistens entsteht und die beständigste ist, ist von dem, was man Eisenrost nennt, nicht verschieden; sie enthält nicht bloß Sauerstoff, sondern auch Wasser. Sie findet sich in ungeheuren Massen und in der feinsten Verteilung allenthalben in den oberflächlichen Schichten der Erde; sie bedingt die braune Farbe unserer Ackererde; auch der Lehm und der Sand verdanken ihr ihre gelblichbraune Färbung. Daß ein Planet, der eine an Sauerstoff und Wasserdunst reiche Atmosphäre besitzt und seit den ältesten Zeiten seiner Entwicklung stets besaß, das Eisen nicht als reines Metall enthalten könne, versteht sich von selbst. Wir werden noch weiter unten Gelegenheit haben zu erklären, daß die Eisenmassen, die nichtsdestoweniger hier und da an der Oberfläche der Erde gefunden werden, nicht jener selbst angehören, vielmehr ihr aus dem Weltraume zugefallen sind.

49. Der Roteisenstein und Eisenglanz. Die Verbindung eines Teils von Eisen mit einem Teil von Sauerstoff ist überaus häufig in Verbindungen mit Kieselsäure, Kohlensäure, Schwefelsäure und anderen Stoffen, die wir Säuren nennen; für sich aber ist sie an der Erdoberfläche noch

weniger existenzfähig wie das metallische Eisen selbst, das wenigstens Jahrzehnte lang in unserem Gebrauche aushält. Jene Verbindung dagegen wandelt sich schon unter den Händen des Chemikers, der sie aus Mineralien abscheidet, in einen Körper um, der mehr Sauerstoff enthält als sie, nämlich drei Teile von diesem auf zwei Teile von Eisen.

Eben diesen kennen wir als Mineral, das sich in abgeschlossenen Räumen unter der Erdoberfläche sehr wohl erhalten konnte. Es ist gemeinhin unter dem Namen Roteisenstein bekannt, ein sehr wichtiges und auch massenhaft vorkommendes Eisenerz. Feine Schüppchen davon sind rot durchscheinend und geben manchen Mineralien und Felsarten, in denen sie eingeschlossen sind, diese Farbe. Auch faserige Abänderungen, die hier und da ansehnliche Massen in der Erde bilden, zumal kugelige und traubige Formen, den sogenannten roten Glatzkopf oder Glaskopf, haben die dem Stoffe in seiner feinen Verteilung eigentümliche Farbe.

Wo sich aber Kristalle von einiger Dicke bildeten, wären sie auch blattförmig, wie solche am Kraterrande der Vulkane durch Einwirkung von Wasserdampf auf die Chlorverbindung des Eisens entstehen, da sind sie schwarz und haben einen metallischen Glanz; man nennt diese Abart des Minerals auch Eisenglanz. In der Tat prächtig, ist der mit „eisenschwarzer" Farbe verbundene Reflex von den Flächen der Eisenglanzkristalle, wie sie an einigen Stellen der Schweizer Zentralalpen und in unübertroffener Schönheit ihrer Ausbildung auf der Insel Elba gefunden werden.

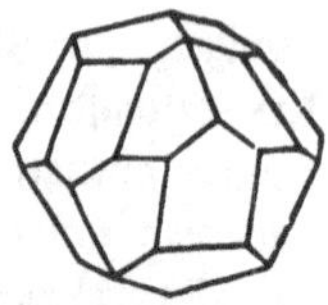

Fig. 34.

Die gewöhnlichste Form der Elbaner Kristalle ist in Fig. 34 gezeichnet.

Den Unkundigen überrascht es, daß ein solcher Kristall über eine rauhe Porzellanplatte hingeführt, keinen schwarzen, sondern einen deutlich bräunlichroten Strich zurückläßt. Dieser hat eben annähernd die Farbe, die dem Stoffe des Minerals eigen ist. Minder auffallend ist es, daß die Härte seiner Kristalle der Härte des Feldspats gleichkommt und daß ihr spezifisches Gewicht über $5^2/_{10}$ beträgt.

Wo er mächtige Lager bildet, ist der Roteisenstein ein sehr willkommenes Erz zur Ausschmelzung des Metalls.

50. Magneteisen. Unter Verhältnissen, die der Aufnahme von Sauerstoff weniger günstig waren, bildete sich das Magneteisen, auch wohl Magnetit genannt.

In ihm haben sich vier Teile Sauerstoff mit drei Teilen Eisen verbunden. Daß diese Verbindung ziemlich weit unter der Oberfläche der Erde entstehen kann, zeigt die Anwesenheit des Minerals in Eruptivgesteinen. Die schon oben genannte Felsart Basalt enthält fast überall Körnchen oder Kriställchen von Magnetit in dem sehr dichten Gemenge von Augit, Feldspat und anderen Mineralien eingebettet. Unter dem Mikroskope kommen sie deutlich zum Vorschein.

Auf eine andere, zum Teil noch nicht genauer bekannte Weise bildete sich dort das Magneteisen, wo es besonders mächtige und in beträchtliche Tiefen niedersetzende Lager zwischen anderen Felsarten ausmacht. Bei Schmiedefeld in Thüringen, in Schlesien und in Sachsen, besonders aber in Schweden (z. B. zu Dannemora) und im Ural werden derartige mächtige Magneteisenerzlagerstätten schon seit alter Zeit bergmännisch abgebaut und haben eine nicht unbeträchtliche Industrie ins Leben gerufen.

Schön kristallisiert ist der Magnetit in einigen Schiefergesteinen eingewachsen, besonders in dem früher (S. 88) erwähnten Chloritschiefer. Seine gewöhnlichste Kristallform ist der regelmäßige Achtflächner (Fig. 5, S. 30); doch ist auch der Zwölfflächner, den wir am Granat kennen lernten (S. 77), häufig entwickelt. Kristalle findet man begreiflicherweise nicht in den körnigen Lagermassen, wohl aber in Mineralgemengen sowie im körnigen Kalk und im Chloritschiefer eingewachsen. Das Mineral ist eisenschwarz, metallisch und vollkommen undurchsichtig. Auch das Strichpulver ist ganz schwarz.

51. Die magnetische Eigenschaft des Magneteisens. Eine der wichtigsten Eigenschaften des Magneteisens lernt man nicht an Kristallen kennen, sondern an einzelnen jener körnigen Massen, besonders an solchen, die bereits einen geirngen Grad von Zersetzung zeigen. Taucht man ein solches Stück in ein mit Eisenfeilspänen gefülltes Kästchen, so bedeckt es sich unverzüglich mit nadelförmig aneinander gereihten Spänen. Durch das Mineral wird das weiche Eisen magnetisch, ein Splitter wird angezogen, ist selbst Magnet geworden, zieht also einen zweiten Splitter an, bis sich deren drei oder vier in einer geraden Linie an einander reihten. Solche ausge-

zeichnet wirksame Stücke von Magneteisen trifft man allerdings nur hier und da; stets aber verrät das Mineral seine Eigenschaft dadurch, daß es, vor einer freischwebenden Magnetnadel vorbeigeführt, diese aus ihrer Lage ablenkt (vgl. Physik, § 88). Auch ein magnetitreiches Gestein übt diese Wirkung aus. Man hat deshalb in unterirdischen Gängen (Stollen, Tunnels), deren Richtung man durch die Magnetnadel (in dem Kompaß oder in der Bussole) bestimmt, wohl darauf zu achten, ob nicht etwa eine auf die Magnetnadel wirkende Felsmasse deren gesetzmäßige Richtung von Süd nach Nord störe.

52. Des Brauneisensteins gedachten wir oben an mehreren Stellen als derjenigen Verbindung des Eisens mit Sauerstoff und Wasser, die an der Oberfläche der Erde überall entsteht. Alle anderen Eisenmineralien werden schließlich in sie umgewandelt, namentlich auch ein sehr wichtiges, das wir bislang noch nicht erwähnt haben.

Es ist das kohlensaure Eisen, gemeinhin Eisenspat oder Spateisenstein genannt, das in beträchtlichen Lagern in verschiedenen Gegenden, namentlich in den Alpenländern, erscheint und den Reichtum dieser Länder an Eisen ganz eigentlich bedingt.

Seine Kristallform, die in jenen Lagern selbstverständlich nur in Drusen ausgebildet ist, gleicht vollkommen der des Calcit (S. 40), nur ist der Winkel der drei zusammenlaufenden Kanten um ein geringes größer. Auch in anderen Eigenschaften stimmt der Eisenspat mit dem Calcit überein und ist ebenso wie dieser ausgezeichnet spaltbar; seine Farbe aber ist immer gelblich oder bräunlich, kann sogar tiefbraun werden, wenn sich das Mineral in Brauneisenstein umwandelt. Diese Umwandlung geschieht im größten Maßstabe ohne die mindeste Veränderung im Gefüge oder in der Kristallform. Die Kohlensäure entschwindet, Sauerstoff und Wasser werden dafür aufgenommen. So wandeln sich die Lagermassen allmählich in Brauneisenstein um.

Das spezifische Gewicht des Eisenspats ist begreiflicherweise höher, als das des Calcit, und kann bis $3^{9}/_{10}$ steigen. Auf ihn bezieht sich zumeist, was oben (S. 61) über die Prüfung der Eigenschwere durch Emporheben des Minerals gesagt wurde. Die Bergleute verstehen es sehr wohl, ein eisenreiches Mineral, das dreimal oder darüber schwerer ist als Wasser, von einem der Farbe nach vielleicht sehr ähnlichen Kalkstein zu unterscheiden.

Daß jene Umwandlung des Eisenspats in Brauneisenstein hier und da unter Mitwirkung warmen Wassers zustande kam, beweisen sehr ausgezeichnete vieläſtige Gebilde von Aragonit, die sich in Klüften jener in Brauneisenstein umgewandelten Lagermassen absetzten und deshalb „Eisenblüte" genannt wurden. In ihrer blendenden Weiße sind sie eines der zierlichsten Mineralgebilde, die man überhaupt kennt.

Der Eisenspat würde sich in seinen Lagermassen überhaupt gar nicht frisch erhalten haben, wenn die Gebirgsmassen, in denen sie sich befinden, nicht reich wären an fein verteilten, kohlig gewordenen Pflanzenresten. Diese gaben den Gesteinen eine dunkelgraue

Farbe und bewirkten, daß sich die Eisenspatlager beständig unter der Einwirkung von Verbindungen des Kohlenstoffs mit Wasserstoff befanden. Eben dadurch wurde die Umwandlung des Eisenspats zu Brauneisenstein bis zur Bloßlegung der Lagermassen und der Einwirkung der Atmosphäre auf sie verhindert. Wenn der Leser jemals Gelegenheit findet, das großartige Eisensteinlager zwischen Vordernberg und Eisenerz in Steiermark zu besuchen, so möge er die Betrachtung desselben ja nicht verabsäumen. Er wird dort Gelegenheit finden, das oben Gesagte aus eigener Anschauung kennen zu lernen.

Wegen der großen Verbreitung des Brauneisensteins und seiner Wichtigkeit als Eisenerz seien hier wenigstens einige Eigenschaften desselben erwähnt. Wo er sich aus Eisenspat, aus Magneteisen, oder irgendeinem durch seine Formverhältnisse gekennzeichneten Mineral entwickelt hat, bekundet er allerdings deutlich seinen Ursprung. An manchen Orten aber liegt er in großen Massen von dichter oder zelliger Beschaffenheit, auch in erdiger, sogenannter ockeriger Ausbildung vor. Zuweilen ist er in faserigen Massen ausgebildet, die nicht selten an freien Oberflächen eine kugelige Form besitzen und das darstellen, was man braunen Glatz- oder Glaskopf nennt. Auch ist es wohl zur Bildung zierlicher Tropfsteine gekommen, die in ihren eigentümlichen Anordnungen und Verwachsungen hin und wieder an gotische Bauwerke erinnern. Hier und da sind erbsengroße kugelige oder bis walnußgroße bohnenartig geformte Massen von Brauneisenstein, durch Lehm oder Kalk leicht verkittet, in Mulden oder in Klüften der Kalksteingebirge abgelagert. Man hat sie nicht unpassend **Bohnerze** genannt.

Der gelbbraune „Strich“ kennzeichnet in zweifelhaften Fällen das Mineral gegenüber dem Rot- und dem Magneteisenstein. Mit Ton gemischt als Toneisenstein, in leicht zu pulvernden erdigen Massen, als Ocker, als Sumpferz (vgl. oben S. 67) behält er stets jene Farbe und wird in seinen zahlreichen Formen und Anwendungsarten stets richtig erkannt werden.

53. **Das Rotkupfererz und der Malachit.** Von den Sauerstoffverbindungen anderer schwerer Metalle sei zunächst als eine der schönsten und lehrreichsten jene mit Kupfer angeführt, die man **Rotkupfererz** nennt. Dessen Kristalle sind wieder in den Formen des Würfels und des Acht- und des Zwölfflächners entwickelt. Schön rot durchscheinend, mit eigentümlich glitzernden Flächen, deren Glanz man mit jenem des Diamant vergleichen kann, sind sie allerdings nicht gar oft zu finden. Sie sowohl als körnige Massen des Minerals haben sich durch Aufnahme von Kohlensäure und Wasser in jenes grüne Kupfermineral umgewandelt, das man **Malachit** nennt, und das nicht sehr wesentlich verschieden ist von dem garstigen Grünspan, der sich in unseren Messingmörsern bildet, wenn die Köchin nach dem Stoßen von Zucker es unterließ, das Gefäß sorgfältig zu reinigen. Auch die römischen Kupfermünzen und die seit unermeßlichen Zeiten im Boden begrabenen Bronzegegenstände sind oft mit Malachit überzogen.

54. **Das Zinnerz.** In der Chemie (§ 61) hat der Leser schon mancherlei über das Metall **Zinn**,

auch über die Sauerstoffverbindung desselben erfahren, die besonders im Granit an einzelnen wenigen Stellen in ziemlich ausgiebigen Massen vorkommt. Dieses Mineral hat sehr ausgezeichnete Eigenschaften, obwohl seine Farbe ein unscheinbares Schwarz ist und nur in den seltenen faserigen Abänderungen als braun erscheint. Sein Glanz ist nicht wesentlich von jenem verschieden, von dem wir oben beim Rotkupfererz sprachen. Seine Kristalle, von denen Fig. 36 eine ideal einfache Form darstellt, sind rechtwinkelige Säulen (g g), denen eine ziemlich stumpfe Pyramide (s s) aufgesetzt und deren senkrechte Kanten in der

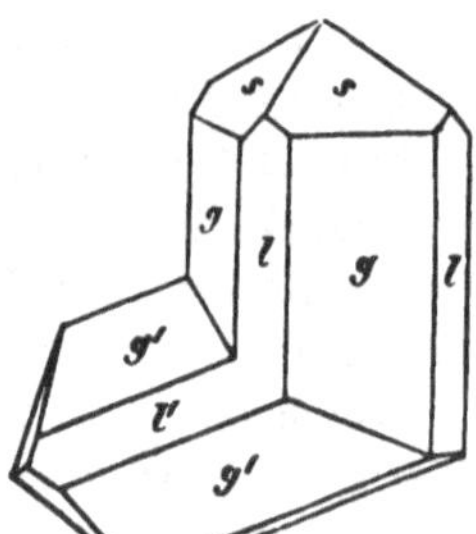

Fig. 35.

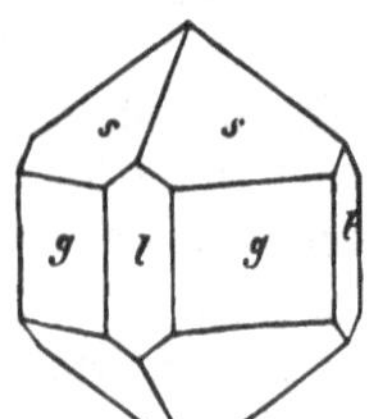

Fig. 36.

Regel durch eine schmale Fläche (l) abgestumpft sind. So einfach aber sind die Kristalle nur äußerst selten. In der Regel sind sie zu zwei oder mehrer n in er Weise miteinander verbunden, wie Fig. 35 es zeigt. In dieser ihrer Verbindung braucht aber der nächste Einzelkristall keineswegs so groß und deutlich wie dort ausgebildet zu sein.

Da das Metall Zinn keinem anderen Mineral in wesentlicher Menge eigen ist, so nennt man dieses hier schlechthin Zinnerz oder Zinnstein und versteht darunter die Verbindung von zwei Teilen Sauerstoff mit einem Teil des Metalls.

Nur in einigen Ländern hat man das Zinnerz auf seinen ursprünglichen Lagerstätten aufgesucht. Sie gehören dem Granit und verwandten Gebirgsmassen an, in denen es mit nicht vielen, aber sehr ausgezeichneten Mineralien zusammen vorkommt. Cornwall in England und das böhmisch-sächsische Erzgebirge waren schon in den ältesten Zeiten Sitze des Zinnbergbaues. Viel häufiger kennt man das wichtige Erz auf sekundärer Lagerstätte, in Anschwemmungen von Gewässern, die vorzugsweise aus dem Material der ursprünglichen Erzlager bestehen. Aus diesen wird der Zinnstein durch Auswaschen gewonnen. Auf der Halbinsel Malacca, den Sundainseln Banca und Billiton, auch in Neusüdwales und anderwärts sind derartige Zinnerzablagerungen, sogenannte Zinnseifen, bekannt.

55. Das Metall Mangan hat der Leser noch gar nicht, auch in der Chemie nicht, dem Namen nach kennen gelernt. Es ist in der Erde sehr weit, obgleich nicht in großen Massen, verbreitet, nahe verwandt mit dem Eisen, das es allenthalben zu begleiten pflegt. Immerhin unterscheidet es sich in seinen Beziehungen zum Sauerstoff nicht unwesentlich von dem Eisen, dem Hauptmetall unserer Zeit. Es ist nämlich seine Verbindung mit zwei Teilen Sauerstoff als Mineral (Weichbraunstein oder Pyrolusit) am meisten beständig.

Dasselbe ist auch in feinverteiltem Zustande tiefschwarz und ziemlich weich. Die Beständigkeit dieses schwarzen Doppeloxyds hatte zur Folge, daß die zarten pflanzenähnlichen Zeichnungen auf feinen Gesteinsklüften, die sogenannten Dendriten, zumeist aus ihm bestehen. Oft genug werden sie von Unkundigen für wirkliche Pflanzenreste gehalten. Im übrigen geht das Mangan nahezu dieselben Verbindungen ein wie das Eisen, bildet mit Kohlensäure ein dem Kalk- und Eisenspate ähnliches, aber schön rosenrot gefärbtes Mineral (M a n g a n s p a t), eine jenem entsprechende Kieselverbindung usw.

Das Mangan macht, in geringer Menge dem Eisen zugesetzt, dieses vorzüglich zur Bereitung von Stahl geeignet (vgl. Chemie, § 53). Aus diesem Grunde ist auch das aus manganhaltigem Eisenspat erzeugte Eisen der Alpenländer so hoch geschätzt.

55a. K o r u n d, S m i r g e l. R u b i n u n d S a p h i r. Dem Eisenglanz (S. 91) in seinen Formen sehr ähnlich ist die Verbindung von zwei Teilen Aluminium mit drei Teilen Sauerstoff, das Aluminiumoxyd oder die reine Tonerde, die wir hier noch kurz betrachten wollen. Sie findet sich in der Natur als K o r u n d oder D e m a n t s p a t, ein durch sehr große Härte ausgezeichnetes Mineral, das in seinen unreinen, oft mit Quarz und Magneteisen verwachsenen Massen unter dem Namen S m i r g e l ein geschätztes Schleif- und Poliermaterial liefert.

Die durchsichtigen und durch schöne Farben ausgezeichneten Abarten des Korunds sind der rote R u b i n und der blaue S a p h i r. Sie kommen beide in ausgezeichneten Kristallen in Indien, und zwar in Ceylon und in Birma, vor und sind nächst dem Diamant die am meisten geschätzten und härtesten Edelsteine. Bemerkenswert ist, daß man beide in neuester Zeit durch Schmelzen von chemisch reiner Tonerde unter besonderen Vorsichtsmaßregeln in einer Sauerstoff-Leuchtgasflamme künstlich dargestellt hat, in ziemlicher Größe und in einer solchen Beschaffenheit, daß man sie von den natürlichen Rubinen und Saphiren nicht unterscheiden kann.

Vom Wasser.

56. Eisgebilde; spezifisches Gewicht des Eises. In unserer „Allgemeinen Einführung in die Naturwissenschaften" ist das Wasser als Beispiel eines Mineralkörpers eingehend behandelt (§§ 12—48). In der physikal. Geographie haben wir die Tätigkeit des Wassers in seinem flüssigen Zustande und als Eis auf der Erdoberfläche kennen gelernt. Es erübrigt uns daher nur, durch eine kurze Zusammenfassung der mineralischen Eigenschaften des Wassers die bereits gewonnenen Kenntnisse zu befestigen und zu ergänzen.

Das Wasser erstarrt bekanntlich bei einer ziemlich niederen Temperatur, die wir bei Erzeugung unserer Thermometer (Physik § 51) als Grenzpunkt der Skala (0°) bezeichnen. Im Winter hat die Luft oft eine weit geringere Temperatur, die am Thermometer unterhalb jenes Grenzpunktes mit —1°, —2°, —3° usw. bezeichnet wird. Unter —20° sinkt die Lufttemperatur in unseren Ländern nur selten, im Nordosten von

Europa aber kann die Thermometersäule unter — 30° herabsinken, und bei einer so niedrigen Temperatur erstarrt selbst das Quecksilber.

Das Wasser hat die Eigenschaft, bei einer Temperatur von nahezu 4° über Null am dichtesten zu sein. Das Wasser von dieser Temperatur nimmt also in Gefäßen, auch in unseren Teichen und Flüssen die tiefste Stelle ein. Das darüber befindliche Wasser wird mehr und mehr abgekühlt, erstarrt endlich und wird zur festen Eiskruste bei 0°. Auch unter seiner Eisdecke wird es abgekühlt, die Eisdecke verdickt sich, endlich wird alles in dem Gefäße befindliche Wasser zu Eis. Wasserflaschen, die wir im Winter achtlos vor dem Fenster stehen lassen, finden wir am Morgen ganz mit Eis gefüllt, in der Regel aber geborsten. Und warum barsten sie? Deshalb, weil das zu Eis gewordene Wasser einen größeren Raum einnimmt (S. 37), ein geringeres spezifisches Gewicht hat, als das flüssige. Darum ist es wichtig, die Temperatur des Wassers zu kennen, in dem man die Eigenschwere eines Körpers bestimmt, weil seine Dichte von seiner Temperatur abhängt. Wir würden also Fehler begehen, wenn wir ein Wasser von 5° oder 6° zur Bestimmung des spezifischen Gewichts eines nicht sehr schweren Minerals benützen wollten, denn die als maßgebend geltenden Bestimmungen sind in einem Wasser von etwa 17° C. gemacht worden. Dessen spezifisches Gewicht wurde gleich 1 gesetzt und mit der Eigenschwere der Mineralien verglichen, die also zwei, drei oder mehreremal schwerer sind als jenes Wasser.

Das spezifische Gewicht des Eises ist weniger als 1, genau bestimmt $^{918}/_{1000}$; es versteht sich also von selbst, daß die Eisschollen auf dem Wasser schwimmen und daß große Eisberge von dem salzhaltigen, etwas mehr als 1 schweren Meerwasser, nicht allzu tief in dasselbe eingetaucht, also schwimmend fortgetrieben werden. Sie vermochten große Felsstücke zu tragen und da, wo sie an der Küste des Meeres der Eiszeit strandeten, als „Findlingsblöcke" abzulegen.

57. Eiskristalle; Schneefirn, Gletschereis. Wir haben schon oben (S. 4) in Erwägung gezogen, wo und wie ziemlich vollkommene Kristalle des Eises entstehen können. Haben wir etwa Gelegenheit dazu, solche Kristalle an der Mündung eines Kellers (in einem „Kellerhalse") oder in einer im Gebirge befindlichen „Eishöhle" zu betrachten, so werden wir finden, daß ihre Formen denen des Calcit ähnlich sind. Sie werden durch Dreiecke oder Sechsecke von gleichen Seiten als ihren Grundflächen bestimmt. Begreiflicherweise ist die Untersuchung der Eiskristalle nicht leicht, da sie schon durch die Annäherung unseres Gesichtes zum Schmelzen gebracht werden. Im Glücksfalle finden wir auch im Tafeleise eines unserer Teiche einen mehr oder weniger regelmäßig sechseckigen Hohlraum, der ebensoviel bedeutet wie ein als Körper entwickelter Kristall. Sicherlich aber haben wir Gelegenheit, die sechsstrahligen Formen der Schneeflocken zu bemerken, wie sie an kalten Tagen zur Erde niederfallen. Obwohl sie keineswegs einfache Kristalle, sondern durch die Verwachsung von drei oder mehreren solchen entstanden

sind, so lehren sie uns dennoch, daß die Grundform der Kristalle des Wassers durch die Sechszahl bestimmt wird.

Wenn wir gegen Ende des Winters den an der Oberfläche liegenden Schnee, oder noch besser, wenn wir alte Schneehaufen betrachten, die bald der Sonne, bald nächtlichem Froste ausgesetzt waren, so bemerken wir, daß die Masse des Schnees körnig wurde, daß er sich in diesem Zustande zu Ballen nicht zusammendrücken läßt, vielmehr in der Hand zerbröckelt. In eben diesem Zustande befindet sich der Schnee am Hochgebirge der Alpen. Man nennt ihn den Firn. Durch sorgfältige Untersuchungen hat man erkannt, wie große übereinander geschichtete Massen von solchem körnigen Schnee allmählich zu festem Eise zusammenwachsen, in „Gletschereis“ umgewandelt werden und als solches von den Hochmulden des Gebirges in die obersten Talgründe herabreichen. (Vgl. Physikal. Geographie, § 195.)

58. Das Wasser in der Erde. Quellen. Wichtiger zum Verständnis der Vorgänge in der Erde ist das flüssige Wasser. Mit der gasförmigen Kohlensäure, die es an der Oberfläche aus der Vegetationsdecke aufgenommen hat, dringt es in die Tiefe der Erde, in sämtliche Gesteine. Selbst die dichtesten Felsarten sind nicht ganz undurchlässig für dasselbe. Unter den nahe an der Oberfläche liegenden Schichten sind allerdings die tonartigen bis zu einem gewissen Grade wasserdicht. Nichtsdestoweniger findet das Wasser seine Wege bis in beträchtliche Tiefen, bis dahin, wo die Wärme im Innern der Erde der Siede-

hitze des Wassers gleichkommt, und der gleichwie in einem Dampfkessel eingeschlossene Wasserdampf ein tieferes Eindringen des flüssigen Wassers unmöglich macht. Aber schon oberhalb dieser Grenze hat das Wasser eine mehr oder weniger hohe Temperatur erreicht. Da es nun nicht mehr reines Wasser ist, sondern vielerlei Stoffe aus den Gesteinen gelöst hat, so trägt es sehr wesentlich zur Zersetzung und Umwandlung der Felsarten bei.

In geringen oder größeren Tiefen findet es in der Lage der Schichten oder an den sie durchsetzenden Eruptivgesteinen Hindernisse, die es nötigen, wieder zur Oberfläche aufzusteigen. Es befindet sich also im Innern der Erde ähnlich so, wie in einer umgebogenen Glasröhre. Füllt man in den längeren Schenkel dieser Röhre mittels eines Trichters Wasser ein, so muß es aus der Mündung des kürzeren Schenkels wieder ausfließen. So entstehen mannigfache Arten von Quellen. War das Wasser, bevor es genötigt wurde, wieder aufzusteigen, in eine bedeutende Tiefe der Erde eingedrungen, so wurde es so warm, daß es im Aufsteigen durch die minder warmen Gesteinsschichten nicht wieder völlig abgekühlt werden konnte: die Quelle, der es den Ursprung gibt, ist alsdann warm, mehr oder weniger warm als das Wasser in der Umgebung ihres Ursprungsortes an der Erdoberfläche. Befindet sich dagegen das Einzugsgebiet für den absteigenden Schenkel höher oben im Gebirge, wo die Temperatur auch in der warmen Jahreszeit einen wesentlich geringeren Wärmegrad erreicht, als in der Niederung, wo die Quelle entspringt, und bringt das

Wasser weniger tief in die Erde ein, ehe es seinen Aufstieg beginnt, so ist die Quelle kühl und erfrischend, und um so mehr kühl und erfrischend, je mehr Kohlensäure das Wasser aufzunehmen Gelegenheit hatte.

Quellen dieser Art liefern uns gutes und frisches Trinkwasser, das fast immer ein „hartes" ist (vgl. Chemie, § 26). Durchdrang es irgendwo salzhaltige Schichten oder nahm es auf seinem Wege aus den Felsarten Mineralstoffe auf, so kann es mancherlei, zwar für den Geschmack unangenehme, aber anderseits doch schätzbare Eigenschaften haben. Die warmen Quellen, die einen weiten und tief in die Erde dringenden Weg zurücklegten, enthalten in der Regel sehr viel mineralische Bestandteile. Aber ihre Beschaffenheit kann je nach der Zusammensetzung und Löslichkeit der Gesteine, mit welchen sie auf ihrem Wege in Berührung gekommen sind, sehr wesentlich verschieden sein. Wir erwähnten oben den Sprudel von Karlsbad in Böhmen (S. 47) als eine sehr stoffreiche Quelle, die warmen Quellen von Gastein, Wildbad, Pfäffers und vielen anderen Orten sind dagegen ausnehmend stoffarm.

59. Die mechanische Arbeit des Wassers. Gleichviel ob sie größere oder geringere Mengen von Mineralstoffen an die Oberfläche bringen, beginnen die Gewässer ihre mechanische Arbeit in sichtbarer Weise. Als Bäche durchfurchen sie den Boden, stürzen in Wasserfällen über seine Felsstufen hinab, nagen sich mehr oder weniger tief in die Felsmassen ein, rollen Geschiebe mit sich fort und setzen sie in Landseen wieder ab, die sie durchfließen, oder im

Bette der Flüsse, in die sie einmünden. Endlich gelangen sie ins Meer und führen ihm die gelösten oder mit sich getragenen Stoffe zu. Der Schlamm und der Sand setzen sich am Grunde des Meeres ab und machen dieses allmählich weniger tief. Im Laufe vieler Jahrtausende vermögen sie das Meer vielleicht ganz auszufüllen. Die Natrium- und Kaliumverbindungen, die sie mit Kohlensäure, mit Schwefelsäure oder mit einer anderen Säure verbunden, dem Meere zubringen, vermehren, in Chlorverbindungen umgesetzt, dessen Salzgehalt, von dem sich ein Teil in der oben (S. 18) besprochenen Weise den Schichten der Erde wieder einfügt.

So war es beständig in allen Zeitabschnitten der Erdgeschichte. Der Meeresboden wurde trockenes Land, die Reste der Tiere und Pflanzen in dessen Schichten bekunden Zeit und Ort ihrer Ablagerung, und nach unermeßlich langen Zeiten trat das Meer wieder über den nicht gebirgigen Teil der Festländer. Die Sonnenwärme verwandelt das Oberflächenwasser des Meeres in Dampf [1]), Wolken bilden sich, werden von den Luftströmungen landeinwärts getrieben, das Wasser fällt als Regen oder als Schnee zu Boden, dringt in die Erde ein, Quellen entstehen und so geht es fort im ewigen Kreislaufe, in welchem das Wasser die Hauptrolle spielt.

Der Kohlenstoff als Mineral.

60. Torf. Steinkohle. Wir erfuhren in der Geologie, wie sich aus Pflanzenteilen ganze

[1]) Über die Eigenschaften des Wassers als Dampf siehe „Allgem. Einführung" §§ 32 uff. und „Physik" §§ 59 uff.

Lager bilden, wie eine besondere Art von Pflanzenwuchs den Torf erzeugt, wie dieser zusammen mit den auf ihm gedeihenden Bäumen zur Entstehung der Kohlenlager beiträgt. Auf Sandstein und Ton gebettet, wurden diese Lager wieder von Ton und Sand überdeckt und so wohl geborgen der Schichtenreihe des Landes eingeschaltet.

Die Pflanzenstoffe dieser Ablagerungen werden aber nur ganz allmählich zu Kohle. Im frischen Zustande enthielten sie nebst Kohlenstoff viel Wasserstoff und Sauerstoff (vgl. Chemie, § 37). Diese letzteren verbanden sich untereinander und mit einem Teile des Kohlenstoffs zu allerlei festen, tropfbarflüssigen und gasförmigen Körpern. Je tiefer die Pflanzenschicht unter die Oberfläche der Erde zu liegen kam, um so mehr wurde jene Umbildung gefördert; je länger sie andauerte, um so mehr Wasserstoff und Sauerstoff wurde dem Lager entzogen. Aber auch viel Kohlenstoff entging ihm dadurch, daß sich dieser mit Wasserstoff zu Flüssigkeiten oder Gasen verband. Stets war es nur ein Teil des Kohlenstoffs der ursprünglichen Pflanzenkörper, der in dem Lager übrig blieb. Da aber sehr dichte Pflanzenbestände viele Jahrtausende hindurch gediehen, bevor sie durch jene Ton- und Sandablagerungen erstickt und bedeckt, diese samt den von ihnen geborgenen Massen von Pflanzenkörpern vielleicht vom Meere überströmt und von dessen Kalksteingebilden überlagert wurden, hat sich doch eine außerordentliche Menge von Kohlenstoff in ihnen erhalten.

In Kohlenlagern von geringerem geologischen Alter, an deren Bildung Holzpflanzen beteiligt waren, haben sich hie und da ansehnliche Teile des Holzkörpers erhalten. Die Masse der Kohle, die im allgemeinen dicht, mehr oder weniger glänzend schwarz ist, und einen recht vollkommen muscheligen Bruch haben kann, zeigt in jenem Falle noch deutlich genug das Gewebe des Holzes. Solche jüngere Kohlen, die man in der Regel Braunkohlen nennt, enthalten noch viel Wasserstoff und Sauerstoff. Erhitzt man sie in einem geschlossenen Gefäße, z. B. in einer eisernen Retorte, so lassen sich unter den aus ihnen entwickelten Stoffen deutliche Spuren von Essigsäure nachweisen, wenn auch bei weitem nicht soviel, als frisches Holz unter diesen Umständen in dem entstehenden Holzessig enthält.

Die Kohlen älterer Schichten haben diese Eigenschaft nicht, sie besitzen verhältnismäßig mehr Kohlenstoff. In den Kohlenlagern der uralten Schiefergebirge kann der Kohlenstoff sogar mehr als 90 von 100 Teilen ausmachen. Solche Kohlen, die man Anthracit nennt, sind aber noch lange nicht Kohlenstoff als reines Mineral.

61. Graphit. Dagegen gibt es in den Ländern, wo die ältesten Feldspat führenden Gesteine die gebirgige Oberfläche bilden, nicht selten Lager von einer schwarzen, dichten oder blätterigen Masse, die ziemlich weich ist und deshalb leicht abfärbt. Diese Masse ist der sogenannte Graphit (vgl. Chemie, § 48). Der ist wirklich ein Mineral und hat unter günstigen Umständen eine Kristallform angenommen, die der des Glimmers (S. 74) ähnlich ist.

Der reine Graphit wird zur Herstellung unserer Schreibstifte verwendet. Mit einem Ton gemengt, der hohe Grade von Hitze auszuhalten vermag, dient er zur Verfertigung von Schmelztiegeln, wie sie in der Nähe von Passau in Bayern in großer Menge erzeugt werden. Unweit von den dort ausgebeuteten Graphitlagern gibt es auch ausgiebige Lager von weißer Porzellanerde (S. 82), so daß man sich binnen wenigen Stunden weiß und schwarz färben kann, wenn man sich in beiderlei Gruben wenige Meter tief hinabläßt. In derselben Gegend macht man die Erfahrung, daß der Graphit als schuppiger Gemengteil auch in dem Schiefer sitzt, der die Graphitlager einschließt. Diese Tatsache ist aber nicht die interessanteste in der Naturgeschichte dieses Minerals. Wichtiger ist es, daß die geringen Kohlenlager, die an einigen Punkten der Alpen in recht alten, aber keineswegs uralten Schiefern sich befinden, neben einer wenig brauchbaren Kohle feinschuppigen Graphit enthalten. Da hat sich also der Kohlenstoff wirklich zum Mineral entwickelt.

62. Noch ein zweites Mineral gibt es, das reiner Kohlenstoff ist: der Diamant oder Demant. Seine Eigenschaften sind denen des Graphit gerade entgegengesetzt. Er ist das härteste unter allen bekannten Mineralien, vollkommen durchsichtig und lenkt den Lichtstrahl mehr als die meisten anderen Kristalle vom geraden Wege ab. Mit dieser Eigenschaft stärkster Lichtbrechung verbindet er auch die größtmögliche Fähigkeit, das farblose Licht in seine farbigen Strahlen zu zerlegen. Man begreift also, daß der Diamant als Edelstein am höchsten geschätzt wird, besonders

seit man die Kunst versteht, ihm durch Schliff die günstigsten Formen zu geben. Daß man ihn nur mit seinem eigenen Pulver schleifen kann, versteht sich seiner Härte wegen von selbst. Auch seine Anwendung zum Schneiden des Glases und zum Schreiben auf Glas und andere harte Gegenstände ist bekannt.

Seine einfachste Kristallform ist der regelmäßige Achtflächner (Fig. 5), doch wird die damit zusammenhängende Form mit 6mal 8 Flächen häufiger gefunden.

Die letztere Form hat in der Regel stark gewölbte Flächen, die sich in gekrümmten Kanten schneiden (vgl. Fig. 37), und nähert sich dadurch sehr der Kugel.

Von größter Wichtigkeit für die Bearbeitung des Diamants durch den Schliff ist seine Spaltbarkeit. Sie entspricht dem Achtflächner und ist so vollkommen, daß sie durch Stoß oder Schlag an jedem Diamanten von genügender Größe leicht sichtbar gemacht werden kann. Der Schleifkünstler erzeugt in der Regel zuerst eine regelmäßige Spaltungsgestalt, doch so, daß die abgespaltenen Stücke womöglich wieder zu kleineren Stücken verschliffen werden können. An der regelmäßigen Spaltungsgestalt wird dann oben eine große, unten eine kleine der Würfelfläche in ihrer Lage entsprechende Fläche durch Absägen und Anschleifen hergestellt.

Fig. 37.

Werden zwischen diesen beiden Flächen schließlich noch zwei, drei oder mehr Reihen von drei- oder vierseitigen Flächen in regelmäßiger Aufeinanderfolge angeschliffen, so erhält man einen sogenannten

Brillanten. Bei dem weniger kostbaren, aber auch weniger wirksamen Rosettenschliff werden die ungespaltenen Diamanten mit mehreren Reihen von dreieckigen Flächen in möglichst regelmäßiger Aufeinanderfolge versehen.

63. Nachgeahmte Diamanten. Kennzeichen der echten Diamanten. In der Regel farblos, bisweilen ins Gelbliche, Bräunliche oder ins Grünliche spielend, haben die Diamanten niemals lebhafte Farben; doch gibt es körnige Anhäufungen, die durch graphitartige Einschlüsse oder solche von Eisenverbindungen dunkel geworden sind. Es handelt sich bei diesem kostbarsten der Edelsteine nicht um die Farbe, wie etwa beim Rubin (S. 100) oder bei dem schön grünen Smaragd, einer eigentümlichen Verbindung der Kieselsäure, sondern um seine Durchsichtigkeit, um die Lichtbrechung, das Farbenspiel und den Glanz, der nach ihm den Namen Diamantglanz hat und im höheren oder geringeren Grade allen das Licht stark brechenden Mineralien eigen ist. Da ihn vornehmlich die durchsichtige Verbindung des Bleis mit Kohlensäure (das dem Aragonit ähnlich kristallisierte Weißbleierz), das dem Baryt verwandte schwefelsaure Blei (der Bleivitriol) und andere bleihaltige Mineralien zeigen, so konnte man leicht auf den Gedanken kommen, Nachahmungen der Diamanten, sogenannte künstliche Diamanten, aus einem mit Blei versetzten Glase zu verfertigen. Das geschieht denn auch; namentlich werden Modelle der in der Geschichte berühmtesten Diamanten aus dieser Mischung hergestellt.

Es gibt viele Kennzeichen, die es ermöglichen, echte von nachgeahmten Diamanten zu unterscheiden; so die Härte, in welcher kein anderes Mineral und keine künstliche Verbindung den Diamant erreicht oder gar übertrifft — alle werden vom echten Diamanten geritzt —, so die starke, aber einfache Strahlenbrechung, die Verwechslungen mit der das Licht doppelt brechenden Kieselverbindung *Topas* ausschließt, so auch das spezifische Gewicht, das am Diamant $3^{52}/_{100}$ beträgt. Nur ein Mineral, der im ganzen selten farblose Topas, steht in dem Gewichte dem Diamant ziemlich nahe.

Wie der Graphit entsteht, daß seine Lager nichts anderes seien, als die ältesten, völlig zum Mineral gewordenen Kohlenlager, darüber ist man in der Wissenschaft längst einig. Nicht so über die Entstehung des Diamants. In alter Zeit kannte man ihn nur aus sandigen Anschwemmungen in Vorderindien; später lernte man ein ähnliches Vorkommen in der brasilianischen Provinz Minas Geraes kennen und fand dort auch Gesteine, in denen er ursprünglich enthalten war.

Seit etwa 40 Jahren kennt man ihn auch aus Südafrika, wo er zusammen mit Granat und anderen Mineralien sowohl im Schwemmland als besonders in eigentümlichen, die Schichten lotrecht durchsetzenden Schloten vorkommt, die mit Trümmern von Eruptivgesteinen, besonders von Olivinfels (S. 86) erfüllt sind. Das Trümmer- oder Tuffgestein der Schlote zersetzt sich in eine blaugrüne serpentinähnliche Masse, den *Blaugrund*, der das eigentliche Muttergestein der afrikanischen Diamanten ist. Südafrika hat bis jetzt die meisten und größten Diamanten geliefert.

Man vermag Graphit und Diamant auch künstlich darzustellen. Geschmolzenes Eisen löst ziemlich beträchtliche Mengen von Kohlenstoff (vgl. Chemie § 53), der sich bei dem Erstarren des Eisens zum Teil in Form von Graphitblättchen ausscheidet. Wenn man aber das mit Kohlenstoff gesättigte Eisen bei hohem Atmosphärendruck rasch zur Erstarrung bringt, bilden sich im Eisen kleine Diamanten, die man durch Auflösen des Eisens in Säure frei erhalten kann. Eine praktische Bedeutung haben diese künstlichen Diamanten heute noch nicht.

Kohlenstoff mit Wasserstoff als Gas und als Petroleum. Asphalt. Bernstein. Honigstein.

64. Kohlenstoff mit Sauerstoff oder mit Wasserstoff. Petroleum. Asphalt. Wenn man Mineralkohle unter Zutritt der atmosphärischen Luft erhitzt, so verbrennt sie, indem sich der Kohlenstoff mit Sauerstoff verbindet, unvollkommen oder vollkommen. Im ersten Falle hat er nur einen Teil Sauerstoff aufgenommen und das sogenannte Kohlenoxyd geliefert, jenes gefährliche Gas, durch dessen Einatmung so viele Menschen zugrunde gehen. In vollkommener Verbrennung verbindet sich der Kohlenstoff mit zwei Teilen Sauerstoff zu der uns längst bekannten Kohlensäure. In vulkanischen Gegenden und aus neueren Eruptivgesteinen dringt sie massenhaft an

die Erdoberfläche. Bedeutende Mengen kommen auch durch die sogenannten Säuerlinge, in der Regel kühle Sauerquellen, zutage. Sie entsteht aber auch durch die Gärung von Wein und Bier und sammelt sich als schweres Gas im unteren Teile der Keller an. Auch sie wirkt erstickend und verursacht, daß viele Menschen, die unvorsichtig in Keller oder in alte Brunnen hinabsteigen, dort ihren Tod finden.

Durch die langsame Zersetzung der Mineralkohle unter ihrer Decke von Ton, Sand und andern Ablagerungen entstehen jene Verbindungen des Kohlenstoffs mit Sauerstoff nicht, der Kohlenstoff verbindet sich vielmehr mit dem Wasserstoff der Kohle zu mehrerlei Gasen. Unser Leuchtgas ist von ihnen das bekannteste, in der Regel nur künstlich durch Erhitzung der Steinkohle in geschlossenen eisernen Retorten erzeugt. Ebenso leicht entzündlich wie dieses ist das in Kohlenbergwerken ausströmende, ebenfalls aus Kohle und Wasserstoff bestehende Gas, das oft Explosionen bewirkt, die sogenannten „schlagenden Wetter".

An einigen wenigen Punkten der Erde strömen solche Kohlenwasserstoffgase frei an die Oberfläche. So bei Baku an der Westseite des Kaspischen Meeres, in China und anderwärts in Asien, wo man sie beständig brennend erhielt und ehedem im religiösen Kultus der Feueranbeter verwendete. Nun hat man es längst gelernt, sie aufzufangen und nutzbar zu machen. Wichtiger als die gasförmigen sind aber die flüssigen Kohlenwasserstoffe, die ebenfalls in Form von Quellen an die Oberfläche treten und oft mit jenen zusammen vorkommen. Sie sind das Rohmaterial des jetzt als Leuchtstoff allgemein gebrauchten Petroleums (Erdöl, Steinöl).

Entwickeln sich Kohlenwasserstoffe aus tiefliegenden, an Pflanzenstoffen reichen Schichten, so fehlt es in Hohlräumen oberhalb derselben nicht an Gelegenheit zu ihrer Verdichtung. Bringt man ein Rohr von der Oberfläche der Erde bis in die mit Petroleum gefüllten Räume, so steigt dasselbe entweder infolge des natürlichen Druckes auf oder läßt sich durch ein Pumpwerk leicht gewinnen. Dieses sehr einfache Verfahren übte man zuerst in Nordamerika, das noch heutzutage den größten Teil des im Handel befindlichen Petroleums liefert. Weit später fand man das Erdöl an der Nordseite der Karpathen, in Rumänien und anderen Ländern. Das rohe Petroleum ist ein Gemisch von mehreren flüssigen Kohlenwasserstoffen, die sich durch verschiedene Entzündbarkeit und besonders dadurch unterscheiden, daß sie sich bei verschiedenen Temperaturgraden (von 37° bis 170° und mehr) in Gasform verwandeln (sieden). Um Leuchtöl zum Gebrauch in Lampen zu gewinnen, müssen, der Explosionsgefahr wegen, die leicht entzündlichen Kohlenwasserstoffe durch Destillation aus dem Rohöl entfernt werden.

Natürliche Umwandlungsprodukte des Petroleums, bei Zersetzung und Oxydation desselben in den Spalten der Gesteine oder am Austritt der Ölquellen entstanden, sind das gelblichbraune Erdwachs (Ozokerit), das sich besonders bei Boryslaw in Galizien findet und eine dem Paraffin ähnliche Zusammensetzung besitzt, und der schwarze Asphalt (oder Erdpech), der zur Herstellung von wasserdichtem Fußbodenbelag, wasserdichten Dächern und dgl. verwendet wird. Zuweilen findet er sich auch auf Erzlagerstätten, aber dann nur in sehr geringen Mengen.

65. Sehr bedeutsam ist das Vorkommen von Harzen und verwandten Stoffen in manchen Ablagerungen. Der Bernstein, der schon in vorgeschichtlicher Zeit den Menschen bekannt war und den die Phönikier von den Küsten der Ostsee holten, ist unter den fossilen Harzen das bekannteste und wichtigste. Gleich dem Harze unserer Nadelbäume träufelte er an den Stämmen einer vorweltlichen Fichte herab, Insekten, Nadeln und Rindenteile des Baumes in sich einschließend. Diesem Umstande verdanken wir die genaue Kenntnis nicht nur der Entstehung des Bernsteins, sondern auch die zahlreicher Bewohner der mächtigen Wälder, die ihn lieferten. Einerseits von Danzig bis nach Schweden, anderseits die Weichsel aufwärts erstreckten sich jene Wälder. Sie standen aber nicht etwa auf Torfmooren, gaben auch nicht den Stoff zur Bildung von Braunkohlenlagern, sondern ihr Harz wurde in sandigem Boden abgesetzt, aus dem es das Meer leicht herauszuspülen vermag. Wie gering auch der Salzgehalt des Wassers der Ostsee ist, so ist es doch schwer genug, um die Knollen des Bernsteins eine Zeitlang zu tragen. Das spezifische Gewicht des fossilen Harzes übertrifft 1 nur um $^{5}/_{100}$, höchstens um $^{1}/_{10}$. Der Bernstein, der entweder durchsichtig gelb oder wolkig getrübt ist, wird in Netzen aufgefangen oder an der flachen Küste gesammelt.

Es fehlt nicht an fossilen Harzen, die dem Bernstein gleichen. In manchen Braunkohlen werden dergleichen gefunden, unter Umständen, die es deutlich bekunden, daß das Harz mit den Bäumen abgelagert wurde. Höchst interessant ist es, daß es auch in der Gegenwart noch einen Baum gibt, der ein dem Bernstein sehr ähnliches Harz liefert. Die Dammarafichte auf Neuseeland übergibt ihr gelbliches Harz dem Boden der Umgebung, der es nun lagenweise enthält.

66. Nicht die Bernsteinsäure, aber die ihr sehr ähnliche Mellit- oder Honigsteinsäure hat in Verbindung mit Aluminium und Wasser ein interessantes Mineral erzeugt: den in stumpfen vierseitigen Pyramiden kristallisierten Honigstein. Bei Artern in Thüringen und an wenigen anderen Orten wird er in Kohlenlagern verschiedenen Alters gefunden.

Über einige Metalle.

67. Die Abscheidung gediegener Metalle in der Erde. Zwei Gruppen derselben. In einem der früheren Abschnitte besprachen wir die Verbindungen einzelner Metalle mit Sauerstoff (Seite 90). Können der Sauerstoff und die anderen mit dem Metall verbundenen Stoffe vom Metall getrennt und die Wiedervereinigung verhindert werden, so scheidet sich das Metall „gediegen“ aus. Künstlich bewirkt man dies durch starke Erhitzung in eigens dazu gebauten Öfen und trachtet durch Zusatz passend gewählter Mineralkörper jene Stoffe von den Metallen völlig abzuscheiden. So gibt man z. B.

mehreren eisenreichen Mineralien, sogenannten Eisenerzen, reinen Kalkstein hinzu, damit alle Kieselsäure, die sich in den Erzen befindet, mit dem Calcium zu einer leicht flüssigen „Schlacke" sich verbinde. Die Hitze aber erzeugt man dadurch, daß man Holzkohle oder den bei Erzeugung des Leuchtgases aus Steinkohle gebliebenen Rückstand (sogenannten Koks) mit den zu schmelzenden Massen mengt und warme Luft sehr kräftig hineinblasen läßt. Das Metall nimmt dann als schwerer Körper die tiefste Stelle in dem Ofen ein und wird als glühend flüssige Masse, getrennt von den gleichfalls flüssigen Schlacken, aus dem Ofen abgelassen. In neuerer Zeit gewinnt man einige Metalle durch passende Anwendung von Säuren, auf dem sogenannten „nassen Wege". Gold und Silber verstand man in alter Zeit, namentlich in Amerika, nur dadurch von den wertlosen Gesteinsüberresten zu trennen, daß man die zerkleinerten Erze mit flüssigem Quecksilber (Chemie, § 63) versetzte und jene mit diesem eine Verbindung eingehen ließ, aus der man sie später abschied.

Alle diese mitunter sehr verwickelten Vorgänge werden dadurch wesentlich vereinfacht, daß man einige zum Gebrauche des Menschen dienende Metalle schon in der Erde mehr oder weniger rein findet. Dies kann freilich nur bei solchen Metallen vorkommen, die sich nicht leicht mit anderen Stoffen verbinden, z. B. bei Gold und Platin, jenem silberähnlichen Metall, das man bei wissenschaftlichen Arbeiten in der Chemie gar nicht entbehren kann. Die große Mehrzahl der Metalle ging vielerlei Verbindungen ein, denen man es äußerlich kaum ansehen würde, daß sie die betreffenden Metalle enthalten.

Hier soll nun von wenigen Metallen, die wirklich im reinen Zustande gefunden werden, und von ihren Eigenschaften die Rede sein.

Einige der wichtigsten Metalle haben regelmäßige Kristallformen, wie den Achtflächner, den Würfel und die mit ihnen zusammenhängenden Gestalten; so das Gold, das Silber, das Kupfer, auch das Eisen und andere. Dagegen ist eine wichtige Gruppe von Metallen anders geartet. Deren Kristallform ist der regelmäßigen so ähnlich, daß sie ehedem dafür gehalten wurde. In der Tat aber sind die würfeligen Kristalle nicht eigentliche Würfel, sondern jener Kristallform verwandt, die wir oben (Seite 40, Fig. 8) am Calcit kennen lernten. In diese Gruppe gehören das Arsen, von dem eine Sauerstoffverbindung das oft genannte Gift ist, das zu Buchdruckerlettern und vielerlei Arzneistoffen notwendige Antimon, Wismut u. a. Wir wollen nun einige Beispiele aus beiden Gruppen näher kennen lernen.

68. Formen des Goldes, des Silbers, des Kupfers. Platin. Unter den regelmäßig kristallisierten Metallen hat das Gold den größten Formenreichtum. Allerdings sind die mehr oder weniger innig aneinander sitzenden flächenreichen Kristalle oder Doppelkristalle nicht immer leicht zu bestimmen. Ihre Kleinheit — sie erreichen nur selten die Größe einer Linse — macht die Anwendung eines Vergrößerungsglases nötig. Schön sind sie aber ausgebildet und manchmal selbst in dichter Zusammenhäufung kenntlich.

Größer, aber bei weitem nicht so flächenreich sind die Kristalle von Silber, in denen der Würfel und der Achtflächner in der Regel allein vertreten sind. In den reichen Lagerstätten bei Kongsberg in Norwegen haben sich besonders schöne Kristalle gefunden, die in der Regel etwas Quecksilber und Gold enthalten (sog. güldisch Silber).

Am wenigsten gut kristallisiert ist das Kupfer. Es bildet in der Regel zwar nur den Würfel aus, aber häufig stark verzogen (verzerrt) und in vielerlei Zusammensetzung zu baumförmigen Gestalten. Dafür ist man in der günstigen Lage, das Kupfer aus sehr verdünnter Lösung gewisser Verbindungen, namentlich des weiter unten zu betrachtenden Kupfervitriols, kristallisiert abzuscheiden, indem man Eisen in die Flüssigkeit legt. Letztere löst das Eisen auf und scheidet, Teilchen für Teilchen, Kupfer dafür aus. Das so gewonnene Kupfer, das man Zementkupfer nennt, erscheint nicht selten in der Form einfacher ziemlich großer Achtflächner.

Jedes der Metalle dieser Gruppe hat seine besondere Neigung zur Ausbildung gewisser Zusammensetzungsformen, in denen auch mit Hilfe der stärksten Vergrößerungsgläser die einzelnen Teilchen nicht mehr erkannt werden können. So bildet das Gold zumeist blättrige Formen aus oder krustenartige Gestalten, denen der Flechten an Felsen und Baumstämmen nicht unähnlich. Das Silber dagegen ist zur Aneinanderreihung der Teilchen in einer Richtung, also zur Ausbildung von draht-, zahn- oder hakenförmigen Formen geneigt. Vom Kupfer sagten wir schon oben, daß es nicht selten baumförmige Verzweigungen bildet.

Vom Platin, das, wie schon oben bemerkt, nur in Rollstücken aus Anschwemmungen gewonnen wird, sind nur äußerst wenige Kriställchen bekannt.

Durch seine Farbe ist auch wieder das Gold am besten kenntlich; denn weil es eine sehr geringe Neigung dazu hat, sich mit anderen Stoffen zu verbinden, bleibt sein Äußeres völlig frisch. Dagegen ist das Silber in der Regel schwärzlich geworden wegen seiner großen Neigung, sich mit Schwefel zu verbinden. Gasförmiger Schwefelwasserstoff, ein von unserer Nase selbst in geringen Mengen übel vermerktes Gas, dessen Entwicklung mit dem Leben der Tiere notwendig gegeben ist, wirkt auf die Oberfläche des Silbers ein und schwärzt diese; fällt es doch schwer genug, unsere silbernen Taschenuhren, Löffel u. dgl. gegen die Einwirkung dieses Gases zu schützen und blank zu erhalten. Kleine Mengen von jenem Gase fehlen auch den unterirdischen Räumen nicht, in denen sich Schwefelerze zersetzen.

Vom Kupfer wissen wir bereits, daß es sich in der Erde nicht nur mit einer feinen Schicht von Oxyd, sondern auch mit Kohlensäure verbindet. Es nimmt uns also nicht wunder, wenn wir seine nicht ganz frischen Massen keineswegs in der typischen „kupferroten“ Farbe finden. Auch das Platin ist nicht wie seine frisch gehämmerten Bleche, Schmelztiegel und andere Gebrauchsgegenstände silberweiß, sondern unscheinbar schwärzlich grau.

Vom Eisen haben wir nur selten Gelegenheit Kristalle zu sehen. Sowohl diese als die Zusammsetzungslinien an seinen dichten Massen „meteorischer" Entstehung (Seite 128) verraten, daß seine Grundform eine regelmäßige ist.

69. Zählen wir nun die spezifischen Gewichte der vorgenannten Metalle auf.

Die Eigenschwere des reinen Goldes beträgt mehr als 19, doch ist es sehr gewöhnlich mit Silber gemischt, dessen sp. Gewicht nur wenig über 10 ausmacht. Das Kupfer ist nur $8^{1}/_{2}$ mal schwerer als reines Wasser. Erwähnen wir noch, daß Platin im natürlichen Zustande, in dem es in der Regel etwas Eisen enthält, das sp. G. 17—18, rein und geschmolzen dagegen $19^{7}/_{10}$ hat. Das Eisen hat nur 7 bis höchstens $7^{8}/_{10}$.

Auch durch Bestimmung dieser hohen Gewichte, welche — beiläufig bemerkt — noch nicht die höchsten der in der Erde vorkommenden Stoffe sind, können die Metalle bei hinreichender Übung an genügend großen Stücken durch Abwägen in der Hand unterschieden werden (vgl. oben, S. 95). Daß es in der Erde von so schweren Metallen nicht allzugroße Massen geben könne, begreift der Leser leicht, wenn wir ihm sagen, daß die Dichte unseres Planeten als Weltkörper nicht über 6 beträgt.

70. Der Glanz der Metalle und gar vieler ihrer Verbindungen, von denen wir weiter unten noch sprechen werden, ist ein ganz eigentümlicher und in seinen höheren Graden der Vollkommenheit gar leicht zu erkennen. Gleichwohl sind nicht alle

Körper, die metallisch glänzen, wirklich Metalle oder die oben erwähnten Verbindungen von solchen.

Füllen wir eines der aus der Chemie wohlbekannten gläsernen Probierröhrchen zu einem Dritteil mit Wasser, umhüllen wir es mit einem matten, schwarzen Tuch und lassen das Licht so darauf fallen, daß es von der Oberfläche des Wassers gerade in unser Auge zurückgeworfen wird. Haben wir den richtigen Einfallswinkel getroffen, so meinen wir nicht Wasser, sondern Quecksilber in dem Röhrchen zu haben. Durch die schwarze Hülle wird alles Licht aufgesaugt, mit Ausnahme desjenigen, das von der Oberfläche des Wassers ganz und gar zurückstrahlt. Diese gänzliche Rückstrahlung von einem nichtmetallischen Körper bringt täuschend einen sehr vollkommenen Metallglanz hervor. Dieser ist an und für sich eine eigentümliche Art von Rückstrahlung des Lichts, von dem nur ein verschwindend kleiner Teil in das Innere der Masse eindringt. Darauf beruhte auch der einstige Gebrauch der Metallspiegel, die man später zweckmäßig dadurch zu ersetzen lernte, daß man die Glätte des Glases mit der Undurchsichtigkeit des Metalls verband. Bekanntlich wird eine Mischung von Quecksilber und einem in ihm löslichen Metall, ein sogenanntes Amalgam, auf die Glastafel aufgetragen und so ein sehr vollkommener Spiegel erzeugt.

Es gibt Mineralien, die in manchen Abänderungen recht lichte Farben haben und ziemlich gut durchsichtig sind. Es ist ihnen aber ein hoher Grad von Brechungsvermögen für Licht eigen, und sie haben deshalb einen demantartigen Glanz. Die dunkelfarbigen Abänderungen dieser Mineralien, die tiefbraunen, also scheinbar schwarzen, haben einen Glanz, der dem Metallglanz so ähnlich ist, daß wir uns an die Unterscheidung beider erst gewöhnen müssen. Hiervon noch weiter unten.

71. Die mit Metallglanz verbundenen Farben nennt man metallische, unterscheidet also z. B. ein „Silberweiß", ein „Messinggelb", ein „Kupferrot", ein „Eisenschwarz" usw. Wir wären aber völlig im Irrtum, wenn wir meinten, diese Farben verrieten das Metall, nach dem sie benannt sind. Es gibt ein ausgezeichnet kupferrotes Mineral, das keine Spur vom Kupfer enthält, ebenso sind silberweiß gar manche, die mit Silber nicht das mindeste gemein haben. Eisenschwarz nennt man jedes mit Metallglanz verbundene Schwarz.

So ist es stets der Inbegriff von Eigenschaften, wodurch das Mineral wirklich gekennzeichnet wird, niemals die einzelne Eigenschaft.

72. Die Bedeutung der Metalle im Kulturleben. Das Gold ist schon in einem sehr frühen Zeitabschnitte der Entwicklungsgeschichte der Erde in die Spalten der damaligen Ablagerungen gelangt, in welcher Verbindung, ist noch unbekannt. Jedenfalls wurde es in den mit Quarz sich füllenden Spalten gediegen abgesetzt. Durch die Zerstörung der später zu Gebirgen aufgerichteten Gesteine gelangte es mit den Quarzmassen in die aus Schotter und Sand sich bildenden Anschwemmungen (Seifenablagerungen), in denen es am Gebirgsrand und in den Flußtälern bis in die Gegenwart erhalten blieb.

In allen Perioden menschlicher Kultur wurde es begierig aufgesucht; wir finden noch in manchen Ländern die Haufwerke von Schutt und Grus als Überreste einstiger „Goldwäschen" In Australien und Neuseeland, nicht anders wie vordem in Kalifornien und im Mittelalter in Böhmen, wurde das schwere Metall von den minder schweren Gesteinsbrocken durch Wasser getrennt. Erst nach Ausbeutung jener Ablagerungen suchte man das Gold auf seinen ursprünglichen Lagerstätten in den Gebirgen selbst auf und gewann es ihnen ab, so lange der Wert der Ausbeute mit den modernen Lohnverhältnissen einigermaßen verträglich war. Wo das Edelmetall auch in älteren Gesteinen reichlich genug enthalten ist, wird es auch aus diesen und aus den seltenen Verbindungen mit anderen Metallen gewonnen, wie z. B. im westlichen Siebenbürgen.

In ähnlicher Weise wie das Gold ist auch das Kupfer und das Quecksilber an bestimmte alte Gesteinsgruppen gebunden, aus denen es, namentlich das Kupfer, in später entstandene Schichten und die in ihnen enthaltenen Lagerstätten überging. Vom Silber dagegen läßt sich das nicht behaupten. Es ging von jeher allerlei Verbindungen ein und gelangte in sehr verschiedenen Zeitabschnitten in die Erzlagerstätten.

Als Hauptmittel des Verkehrs bestimmen beide Edelmetalle die jeweiligen Wert- und Preisverhältnisse. So wurden kurz nach der Entdeckung von Amerika durch die von dort her gebrachten Goldmassen alle wirtschaftlichen Verhältnisse in Europa völlig umgestaltet, und neuestens wieder macht die riesige Ausbeute an Silber in jenem Erdteile dieses Metall billiger als je zuvor. Von Quecksilber besitzt die Erde gerade genug, um den wichtigen Anwendungsarten dieses Metalls zu genügen. Das Kupfer ist glücklicherweise weit und massenhaft genug verbreitet, um den riesigen Anforderungen unserer Zeit — man denke nur an die Telegraphie und sonstige Anwendungen der Elektrizität — zu genügen und dabei einen mäßigen Preis zu behaupten.

73. Das Eisen und die Meteorsteine. Obwohl die an der Oberfläche der Erde hie und da gefundenen Eisenmassen, die dem Planeten aus dem Weltraume zufielen, — das sogenannte Meteoreisen — schon in sehr alten Zeiten Anwendung gefunden haben mögen, trat doch eine völlige Änderung aller Verhältnisse menschlicher Tätigkeit erst dann ein, als man das Eisen aus seinen in der Erde befindlichen Verbindungen auszubringen lernte. Dies war schon in vorgeschichtlicher Zeit der Fall; aber es währte gewiß viele Jahrhunderte, bevor der Gebrauch des Eisens allgemein wurde und die Bronze (vgl. oben S. 89) als einziges Mittel zur Herstellung von Werkzeugen verdrängte.

Nicht über das Eisen, wie es aus seinen der Erde angehörenden Erzen (vgl. S. 90 u. ff.) gewonnen wird, wohl aber vom Meteoreisen soll in einigen Zeilen hier die Rede sein.

Ein großer Teil der Mineralmassen, die aus dem Weltraume zur Erde gelangen und die ohne Zweifel in ungleich größerer Menge in den Sonnenkörper stürzen, besteht aus Eisen, dem ein anderes, in der Erde selbständig existierendes Metall beigemischt ist. Die große Mehrzahl jener Massen aber besteht aus anderen Mineralgemengen, aus Olivin, Augit, Feldspat u. dgl.; dabei können sie noch Eisen enthalten, oder es fehlt in ihrem Gemenge. Merkwürdigerweise ist diesen Meteorsteinen eine Trümmerstruktur eigen, aus der wir entnehmen, daß der Weltkörper, von dem sie Trümmer sind, ziemlich starken inneren Bewegungen ausgesetzt sein mußte. Das Eisen spielt in manchen dieser Meteorsteine die Rolle eines Bindemittels, wie etwa der kohlensaure Kalk oder der Quarz in den Breccien-, d. h. Trümmergesteinen der Erde.

Über die Zusammensetzung des Meteoreisens verschafft man sich dadurch einige Kenntnisse, daß man eine Fläche an das zu untersuchende Eisen anschleift, diese poliert und dann vorsichtig mit Salpetersäure ätzt. Dadurch entstehen glänzende und matte, einander durchkreuzende Linien und Bänder, die sogenannten Widmannstättenschen Figuren, die eine regelmäßige Gestalt der Grundform des Eisens andeuten. Beistehende Fig. 38 gibt eine Vorstellung von dem Aussehen dieser Figuren.

Fig. 38.

Die Kenntnis von den Meteoriten hat im Laufe der letzten Jahrzehnte große Fortschritte gemacht; man sammelt sie in allen Ländern und hat die Erscheinungen, unter denen sie zur

Erde kamen, nach Möglichkeit genau studiert. Die in den Museen aufbewahrten Stücke von Meteoreisen erreichen mitunter das Gewicht von mehreren Hundert Kilogrammen.

74. **Das Arsen und die arsenige Säure.** In der anderen Gruppe der Metalle ist das Arsen eines der wichtigsten. Man hat sie deshalb nicht mit Unrecht die Arsengruppe genannt. Kristallformen dieses Metalls sind in Erzgängen nur äußerst selten zu finden, häufiger aber dichte kugelschalige Massen. Unter der Haue der alten Bergleute zerfielen sie in schalige Bruchstücke und verschafften dem Metall den Namen „Scherben-Kobalt". Das Wort Kobalt aber, das — ohne Zusatz — den Namen eines anderen Metalls ausdrückt, soll eigentlich heißen: Kobold. Der alte Bergmann schrieb eben, abergläubisch wie er war, die Anwesenheit dieser unwillkommenen Metalle in den sonst reichen Gruben dem bösen Geiste zu, den er fürchtete, und vor dessen Tücken er sich nach Möglichkeit zu schützen suchte.

Silberweiß ist das Arsen auf frischem Bruche, wird aber sehr bald dunkel, ja völlig schwarz. Es ist diese Verfärbung die Folge einer Oxydation. Erhitzt man das Arsen, so verläßt das Metall unter Entwicklung eines knoblauchartigen Geruchs seine Stelle, um in geschlossenem Raume an einer anderen Stelle sich wieder abzusetzen. Gewährt man aber der atmosphärischen Luft freien Zutritt, nimmt die Erhitzung z. B. in einer offenen Glasröhre ohne Zusatz von Kohle vor, so verbinden sich zwei Gewichtsteile des Arsens mit drei Gewichtsteilen Sauerstoff. Der so entstandene

Körper heißt arsenige Säure und ist das bekannte Gift. Die Kristallform dieser Arsenverbindung ist der regelmäßige Achtflächner. Der Kristall ist aber nie voll ausgebildet, weil er bei der Verflüchtigung des Arsens allzurasch entstehen mußte, er ist vielmehr nur der skelettartige Umriß des Achtflächners.

Das Arsen hat die Eigenschaft, sich mit schweren Metallen, z. B. mit Eisen, zu verbinden und in diesen seinen Verbindungen interessante Mineralien darzustellen. Werden diese Mineralien stark erhitzt, so entwickelt sich das Arsen aus ihnen und setzt sich unter Umständen als arsenige Säure an kühlen Flächen wieder ab.

75. Antimon. Wismut. Als ein zweites Glied jener Gruppe wurde schon oben das Antimon genannt. Seine würfelartige Grundform ist von der des Arsens kaum merklich verschieden, das sp. Gewicht aber etwas höher. Auch ist seine zinnweiße Farbe an der Luft beständig. Nur das geschmolzene Metall läuft hie und da buntfarbig an. Wir werden weiter unten die Schwefelverbindung nennen, aus der das Antimon für den Handel dargestellt wird.

In noch höherem Grade ist das „Buntanlaufen“ dem schön rötlich-silberweißen Wismut eigen, das im allgemeinen nur spärlich vorkommt und zur Herstellung von leicht schmelzenden Legierungen dient.

Der Schwefel und seine Verbindungen mit Metallen.

76. Schwefelwasserstoff und schwefelige Säure. Mehr noch als die Schwefelsäure ist dem Leser jene Sauerstoffverbindung bekannt, die durch Verbrennen des Schwefels an der Luft entsteht und als stechend riechendes Gas die Atmungsorgane belästigt, die schwefelige Säure. Unter den Gasen, die den Kratern der Vulkane entströmen, macht sich dieses Gas genugsam bemerklich; auch der Schwefelwasserstoff, den wir schon oben S. 122 erwähnt haben, und der eine Verbindung von Schwefel und Wasserstoff ist, entwickelt sich häufig in vulkanischen Gegenden, besonders aber aus sich zersetzenden Tierkörpern. Faule Eier riechen nach Schwefelwasserstoff. Manche Quellwässer, die dann in der Regel warm sind, enthalten große Mengen von diesem Gase und verdanken ihm ihre Heilwirkungen. In den Baderäumen, die zum Gebrauche solchen Wassers bestimmt und deren Wände mit Kalkmörtel überzogen sind, gewahrt man nicht selten den Absatz von feinen gelblichen Krusten. Sie sind reiner Schwefel, der sich dadurch bildet, daß der Wasserstoff jenes Gases mit dem Sauerstoff der atmosphärischen Luft sich zu Wasser verbindet und Schwefel dadurch frei wird.

77. Der Schwefel. Der Schwefel setzt sich auch auf Spalten und in Hohlräumen vulkanischer Gesteine vor unseren Augen ab und kommt in manchen Ablagerungen von Kalkmergel (kohlensaurer Kalk mit Ton gemischt) in ansehnlichen Massen vor. Selbst-

verständlich wird er überall, wo seine Gewinnung nicht zu schwierig und seine Menge nicht zu geringfügig ist, sorgfältig ausgebeutet.

Der Schwefel ist eines der lehrreichsten Mineralien. Seine Kristalle erreichen an den Hauptfundorten bei Girgenti und Caltanisetta in Sizilien eine ansehnliche Größe, bis zu 5 Zentimeter und darüber. Sie sind in ihrer Form verschieden von den künstlich aus Schmelzfluß dargestellten Kristallen (S. 9). Der Schwefel gehört demnach zu den zweigestaltigen (dimorphen) Stoffen (S. 45). Die Grundform der natürlichen Kristalle, die in beistehender Fig. 39 dargestellt wird, ist eine ziemlich spitze Pyramide von abwechselnd stumpferen und schärferen Kanten, die sich oben und unten zu einer vierkantigen Ecke vereinigen. So einfach sind die Kristalle aber selten; denn durch die Abstumpfung der einen und der anderen Kanten gesellen sich je vier senkrechte oder geneigte Flächen (Prisma und Doma) zur Grundpyramide; auch sind deren Ecken oben und unten nicht selten durch Flächen ersetzt. Immerhin sind die Kristalle leicht zu deuten und wer einen derselben jemals gesehen hat, wird sie an ihrer Form und ihrer eigentümlich lichtgelben Farbe stets wiedererkennen.

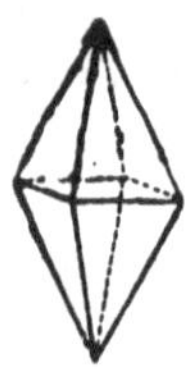

Fig. 39.

Trotz der ziemlich stark lichtbrechenden Eigenschaft des Schwefels ist der Glanz seiner Flächen nicht diamantartig, sondern schwankt zwischen Glas- und Fettglanz. Auch eine deutliche Spaltbarkeit fehlt ihm; dafür besitzt er einen muscheligen Bruch, welcher schon entsteht, wenn man den Kristall einige Zeit in der warmen Hand behält.

In den berühmten Schwefelgegenden in Sizilien finden sich die Kristalle in nesterartigen Hohlräumen des Schwefelgesteins oft in größerer Zahl nebeneinander, zusammen mit Calcit, Gips und farblosen Kristallen eines schwefelsauren Salzes, deren Form die der Barytsäulen (Fig. 18, S. 58) nachahmt.

Der kristallinische, nicht kristallisierte Schwefel hat keineswegs immer die charakteristische gelbe Farbe; er ist vielmehr häufig durch Verunreinigungen unscheinbar graubraun, und der unkundige Finder von solchen muß erst ein Splitterchen davon anzünden, um sich davon zu überzeugen, daß er es wirklich mit Schwefel zu tun habe. Wo der Schwefel auf lehmigem Boden ausblüht, erscheint er als pulverförmige Masse, die sich mit einem Besen leicht wegkehren läßt.

78. Künstliche Erzeugung der Kristalle. Auch den natürlichen Schwefelkristallen in der Form ganz gleiche lassen sich leicht künstlich erzeugen. Man bringe einige Löffel voll „Schwefelblumen“, wie man sie beim Drogenhändler kauft, in die schwere, das Licht stark brechende Flüssigkeit, die man nach ihrer Zusammensetzung Schwefelkohlenstoff nennt. Sie löst Schwefelblumen, wie das Wasser den Zucker, leicht auf und setzt dann, langsam verdunstend, den Schwefel in Kristallen wieder ab. Man hält die Lösung am besten in einer ziemlich tiefen Schale aus Glas oder Porzellan durch einige Tage in ziemlich gleichmäßiger Wärme, aber des sehr üblen Geruches wegen nicht in einem Wohnzimmer. Die Kristalle entstehen am

Rande und vereinzelt am Boden der Schale und können, auseinander gerückt, leicht zur Größe einer Bohne anwachsen und schöne Flächen ausbilden.

79. Der Schwefelwasserstoff fällt manche Metalle. Es wurde oben bemerkt, daß der Schwefelwasserstoff seinen Schwefel leicht an Metalle abgebe. Dies erfährt man in chemischen Laboratorien täglich, indem man Flüssigkeiten dadurch auf ihren Gehalt an Kupfer, Blei, Silber und anderen schweren Metallen untersucht, daß man Schwefelwasserstoff in sie einleitet und den entstandenen Niederschlag prüft. Ob er nun schwarz oder farbig sei, sicherlich ist er eine Verbindung des Schwefels mit dem betreffenden Metall. Nicht so rasch, aber deutlicher ausgebildet, erzeugt man Schwefelmetalle dadurch, daß man Eigelb oder faulendes Fleisch in einem Leinensäckchen in die Lösung eines passenden Metallsalzes legt.

Es geschah einmal in einem chemischen Laboratorium, daß man ein großes Becherglas, teilweise voll mit einem Gemische der Lösungen von schwefelsaurem Kupfer und schwefelsaurem Eisen in einer Ecke vergessen stehen ließ. In die Lösung stürzte eine Maus und ertrank. Als man nach Jahr und Tag das Glas hervorholte, um es zu reinigen, war man nicht wenig erstaunt, die Mausleiche mit einem Pelz von metallisch glänzenden Kriställchen bedeckt zu finden. Der so zufällig kristallisierte Stoff war nichts anderes als Kupferkies, eine unten noch näher zu besprechende Verbindung von 1 Gewichtsteil Eisen mit 1 Gewichtsteil Kupfer und 2 Gewichtsteilen Schwefel.

Dieser hatte sich unter dem Einfluß des während der Fäulnis der Tierleiche allmählich entwickelten Schwefelwasserstoffes und Ammoniaks abgeschieden.

So entstehen auch in der Natur durch sehr langsame Fällung von Metallsalzen Schwefelmetalle in Kristallen, die um so vollkommener sein können, je langsamer der ganze Vorgang stattfindet und je gleichmäßiger die Temperatur im betreffenden Raume bleibt.

80. Das allergewöhnlichste Schwefelmetall ist aber nicht jener oben beiläufig erwähnte Kupferkies, sondern der sogenannte Eisenkies (Schwefelkies) oder Pyrit, in welchem 1 Gewichtsteil von Eisen mit 2 Gewichtsteilen von Schwefel verbunden ist. Wohl noch nie hat sich ein Knabe eine Mineraliensammlung angelegt, in der nicht der metallisch glänzende, blaß messinggelbe Pyrit eine der ersten Stellen eingenommen hätte.

Eine gewöhnliche Kristallform dieses in den Gesteinen so häufig vorkommenden Minerals ist der Würfel in Verbindung mit dem Achtflächner (Fig. 4 S. 30). Eine ebenso gewöhnliche Form ist in Fig. 40 dargestellt, die von 12 Fünfecken begrenzt wird. Sie steht zum Pyramidenwürfel (Fig. 7 S. 34) in einer eigentümlichen Beziehung. Wenn man von den 4 Flächen, die im Pyramidenwürfel über eine Würfelfläche zu liegen kommen, nur die einander am stumpfen Winkel der Dreiecke berührenden vergrößert (die dunklen Flächen

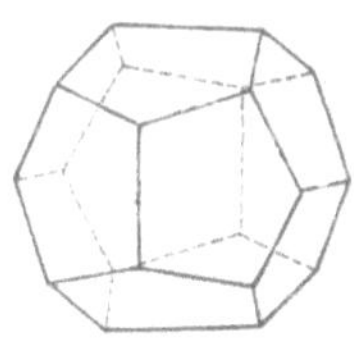

Fig. 40.

Fig. 41.

in Fig. 41), die anderen aber verschwinden läßt, so hat man aus dem Pyramidenwürfel jenen von Fünfecken begrenzten Zwölfflächner, das Pentagondodekaeder, erzeugt (Fig. 40). Dieses ist also gewissermaßen die Hälfte des Pyramidenwürfels. Es bestimmt ganz eigentlich die Natur des Pyritkristalls, an dem es stets, wenigstens angedeutet, entwickelt ist.

Wie „Kiese" überhaupt harte Mineralien sind, so auch der Pyrit. Er übertrifft sogar den Feldspat an Härte, und wurde in alter Zeit vielfach statt des Feuersteins für die Feuerwaffen verwendet.

In mehr oder weniger dichter Zusammenhäufung finden wir die Pyritkristalle in allen denkbaren Formen, besonders häufig in knolligen und kugeligen Gebilden, und in diesen oft noch so deutlich ausgebildet, daß man die einzelnen Kristallflächen unterscheiden kann, öfter aber auch so dicht gedrängt, daß die Knollen oder Kugeln ganz glatt erscheinen. In manchen Gesteinen sind die Kristalle des Pyrits auch vereinzelt eingewachsen. Kaum gibt es in der festen Erde, soweit sie der Beobachtung zugänglich ist, irgend eine Schicht, irgend ein Gestein, wo das besprochene Mineral nicht zu finden wäre. Auch die Reste von Organismen sind hie und da völlig in Pyrit verwandelt. Seiner Entstehungsweise nach kann dies kaum anders sein; denn das Eisen ist ja überall vorhanden, und an langsam sich entwickelndem Schwefelwasserstoff fehlt es in der Erde selbst da nicht, wo organische Reste nicht wahrnehmbar sind.

81. Verwandlung des Eisenkieses in Brauneisenstein. In der Nähe der Erdoberfläche ist das Mineral sehr häufig nicht in seiner ursprünglichen Masse erhalten, sondern in Brauneisenstein umgewandelt; an die Stelle des Schwefels ist Sauerstoff und Wasser getreten, ohne daß die Formen des Minerals im mindesten verändert wurden. Es darf uns daher nicht befremden, wenn wir jene Würfel oder jene Zwölfflächner, jene Kugelgruppen nicht metallisch glänzend und gelb, sondern matt und braun finden, ganz oder oberflächlich in dichtes Brauneisen umgewandelt. In seiner allgemeinen Verbreitung trägt der Pyrit nicht wenig bei zur braunen Färbung der Gesteine und Ablagerungen aller Art, die Ackererde nicht ausgenommen.

Bei jener Umwandlung aber wurde überall durch die Verbindung des Schwefels mit Sauerstoff Schwefelsäure erzeugt, die sich sofort mit Calcium, Natrium und anderen Grundstoffen der Erde verbinden und Mineralien bilden mußte, von denen wir einige bereits kennen. Die nicht verbrauchte Menge von gelösten Verbindungen der Schwefelsäure versank entweder in die Tiefe oder wurde an der Oberfläche von strömenden Gewässern fortgeführt.

In ähnlicher Weise wie mit dem Eisen verbindet sich der Schwefel mit sehr vielen anderen Metallen.

82. Der Kupferkies. Wo neben Eisen Kupfer in genügender Menge vorhanden war, entstand der oben genannte Kupferkies und neben ihm noch eine Anzahl von Verbindungen, in denen sich der Schwefel des Kupfers allein bemächtigte.

Ebenso geschah es mit dem Silber und vielen anderen hier gar nicht zu nennenden Metallen.

Von dem Kupferkies, den der Leser oft genug in die Hand bekommen dürfte, sei hier nur bemerkt, daß er sich von dem blaßgelben (graugelben) Eisenkies durch seine intensiv messinggelbe Farbe und weit geringere Härte unterscheidet. Oft hat er sich mit einer dünnen Zersetzungsrinde bedeckt, welche das Licht in bunten Farben zurückstrahlen läßt.

83. Verbindungen des Schwefels mit Arsen oder Antimon und schweren Metallen. Eine der merkwürdigsten Erscheinungen des Schwefels in seinen Verbindungen mit schweren Metallen ist es, daß er in denselben ganz oder zum Teil durch Arsen oder Antimon ersetzt sein kann. Überdies bildet er, zusammen mit Arsen oder mit Antimon, mit Kupfer, Silber und anderen Metallen Verbindungen, welche zu den schönsten metallisch oder diamantartig glänzenden Mineralien gehören, die man überhaupt kennt. Es seien hier nur zwei davon als Beispiele angeführt.

84. Fahlerz ist der Name einer dieser Verbindungen von Schwefel, Antimon, Arsen und schweren Metallen, welche in der Regel durch Kupfer und Eisen, in seltenen Fällen aber auch durch Silber oder Quecksilber vertreten sind. Seine flächenreichen Formen sind sehr merkwürdig.

Der Leser kann sich leicht vorstellen, daß nicht alle acht Flächen des Achtflächners stets gleichmäßig und gleich groß ausgebildet sind. An manchen Mineralien — das ist eben beim Fahlerz der Fall — sind vier

Flächen in großer Ausdehnung, die damit wechselnden vier dagegen um vieles kleiner ausgebildet (Fig. 42). Wären die letzteren gar nicht, sondern eine dreikantige Ecke an ihrer Stelle vorhanden, so würde sich anstatt des Achtflächners eine Hälfte desselben entwickelt haben, die man schlechthin den regelmäßigen Vierflächner (das Tetraeder) nennt. Wie vom Achtflächner, so gibt es auch von den meisten anderen regelmäßigen Kristallformen solche Hälften, so vom Dreimal-Achtflächner (Fig. 28 S. 77) einen Dreimal-Vier-, vom Sechsmal-Achtflächner (Fig. 37 S. 111) einen Sechsmal-Vierflächner usw.

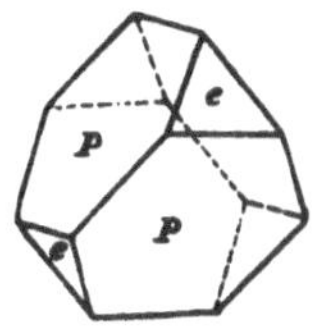

Fig. 42.

Alle diese Formen können miteinander verbunden sein an den schönen und flächenreichen Kristallen, die mehr als haselnußgroß in den Erzgängen des nordöstlichen Ungarn vorkommen. Mit stahlgrauer Farbe verbinden sie in der Regel einen ausgezeichneten Metallglanz. Ihre Härte übersteigt niemals die des Flußspats; der Leser wird sie aber in zugänglichen Mineraliensammlungen durch Ritzen nicht prüfen dürfen, denn dergleichen schöne Kristalle sind ziemlich kostbar. Dagegen sind die körnig zusammengesetzten Massen auf Kupfererzlagerstätten ziemlich häufig.

85. Ein anderes Mineral von ähnlicher Zusammensetzung, welches aber ausschließlich Silber als schweres Metall und neben dem Schwefel entweder nur Antimon oder nur Arsen enthält, ist das Rotgiltigerz. Die Kristalle des Arsen-Rotgiltigerzes sind meist lichtrot und durchsichtig, die des Antimon-Rotgiltigerzes

dunkler und nur an dünnen Stellen rot durchscheinend. Beiderlei Kristalle haben eine auffallende Ähnlichkeit mit denen des Calcit. Ihr Glanz ist diamantartig; bei den dunklen nähert er sich dem metallischen.

86. Zinnober. Die Kristalle des Zinnobers glänzen auch sehr lebhaft demantartig. Ihre Farbe ist cochenille- bis scharlachrot, ähnlich der des lichten Rotgiltigerzes. Jenes lebhafte Zinnoberrot aber, wie es der Leser von seinem Farbenkasten her kennt, ist nur an locker gefügten, erdigen Krusten des Minerals zu finden. Das dichte Erz, das gleich den Kristallen aus Quecksilber und Schwefel besteht, nicht selten aber Verunreinigungen enthält, kann recht dunkelfarbig, mitunter ganz metallisch sein.

Der Zinnober ist ein um so wichtigeres Mineral, weil die bisweilen mit ihm vorkommenden Tröpfchen von gediegenem Quecksilber bei weitem nicht die Hauptmasse des Metalls in der betreffenden Lagerstätte ausmachen, sondern dieses erst aus dem Zinnober abgeschieden werden muß. Kristallisiert kann das Quecksilber selbstverständlich in der Erde nicht vorkommen, da es erst bei — 32° fest wird. Die Kristallform des festen Quecksilbers gleicht der des Silbers. Auch ein sehr seltenes und deshalb kostbares Mineral, das sogenannte Amalgam, das eine Verbindung von Silber und Quecksilber ist, zeigt in wunderbarer Vollkommenheit den regelmäßigen Zwölfflächner mit abgestumpften Kanten (wie Fig. 27 S. 77).

87. Zinkblende heißt das schon in den ältesten Zeiten des deutschen Bergbaues wohlbekannte, seinem

Werte nach aber nicht gewürdigte Mineral, das eine Verbindung von 1 Gewichtsteil Zink und 1 Schwefel ist. Die Alten verstanden sehr wohl, das kohlensaure und das kieselsaure Zink zu benützen, nicht aber das Schwefelzink, weil sie das Metall daraus nicht darzustellen vermochten. Der ausgezeichnete Demantglanz, den seine lichtfarbigen oder dunklen Kristalle und zusammengesetzten Massen darbieten, wurde deshalb in dem geringschätzigen Namen Blende oder Zinkblende ausgedrückt.

Die Form der Kristalle ist die regelmäßige, in der Regel der Achtflächner, wegen vielfacher Zusammensetzung aber nicht immer ganz leicht zu erkennen. Ebenso vollkommen als beachtenswert ist die Spaltbarkeit der Kristalle; sie läuft nämlich den Flächen des regelmäßigen Zwölfflächners gleich (parallel), und es hält gar nicht schwer, diese Form aus einem mehr als walnußgroßen Kristall oder aus einer großkörnig zusammengesetzten Masse herauszuspalten. Die Sprödigkeit der Blende und ihre geringe, die des Calcit nicht übertreffende Härte wird bei den Spaltungsversuchen leicht erkannt werden.

Die Zinkblende gehört zu den gemeinsten Mineralien der Erzgänge, bildet auch auf den besonderen Zinklagerstätten die Hauptmasse, aus der sich die anderen Verbindungen des wichtigen Metalls entwickelten.

88. Rein metallisch grau ist das Schwefelblei, gemeinhin der Bleiglanz genannt. Der Leser kennt diesen Namen bereits (Chemie, § 62) als denjenigen des wichtigsten und zumeist verbreiteten Bleierzes.

Bereiten wir eine Lösung eines leicht löslichen Bleisalzes, z. B. des sogenannten Bleizuckers, und leiten wir Schwefelwasserstoffgas hinein, so entsteht sofort ein dicker schwarzer Niederschlag von Schwefelblei. In der Natur waren die Lösungen der Bleisalze, wie sie in einzelne Spalten der Gebirge eindrangen, im höchsten Grade verdünnt. Auch der in jenen Räumen befindliche Schwefelwasserstoff entwickelte sich nur ganz allmählich. Jene Fällung fand also keineswegs so stürmisch wie im Versuche, sondern so langsam statt, daß die feinsten Teilchen von Schwefelblei sich zu schön ausgebildeten Kristallen aneinander schließen konnten.

Wieder ist es der Würfel und der Achtflächner, die zu allermeist an ihnen entwickelt sind. Beider Flächen glänzen vollkommen metallisch und zeigen alle Eigenschaften des Minerals. Setzen wir aber einen Meißel an die Kristalle und zerteilen wir dieselben, so zeigt es sich, daß die Spaltung nur nach den Flächen des Würfels erfolgt. Sie ist nach allen drei aufeinander senkrechten Richtungen ganz gleichartig (wie am Steinsalzkristall, S. 23) tritt aber wegen Sprödigkeit der Masse so leicht ein und ist so vollkommen, daß es genügen würde, den Kristall in einem Mörser zu zerstoßen, um Tausende von Spaltungswürfelchen zu erhalten. In der Tat ist jedes Körnchen des erzeugten Pulvers von glatten und glänzenden Flächen begrenzt und seiner Natur nach ein Würfel, ob es nun zufälligerweise länglich oder nach jeder Richtung hin gleichmäßig gestaltet sei. Es wäre aber nicht zweckdienlich, wenn wir einen schönen Kristall zu diesem Versuche verwendeten, es genügt dazu eine jener körnig zusammengesetzten Massen, welche sich auf Erzlagerstätten so häufig finden.

Die schönen Kristalle erhalten wir, oft mehr als walnußgroß, in der Regel aber dicht zusammengedrängt und deshalb nur mit einigen Flächen frei ausgebildet, aus Erzgängen von gemischtem Inhalte. Sehr gewöhnlich sind sie dort Kristallen der Zinkblende beigesellt, Kristallen von Quarz, Calcit und anderen Mineralien. Auch der Pyrit fehlt nicht, den wir oben (S. 135) kennen lernten. Kristalle von Bleiglanz finden wir aber auch auf Klüften mancher Kalksteingebirge, wenn sich in höher gelegenen Schichten körnige Massen von Bleiglanz, vielleicht zusammen mit Zinkblende, lagerartig vorfinden. Das von der Oberfläche hereindringende Wasser hat dann einen Teil des Bleiglanzes und der Zinkblende gelöst, und aus diesen weiter in das Gebirge eindringenden Lösungen scheiden sich an geeigneten Stellen Kristalle von Bleiglanz ab, oft begleitet von kohlensaurem, schwefelsaurem oder mit einer anderen Säure in Mischung getretenem Blei.

89. Das kohlensaure Blei oder das Weißbleierz, dessen Kristallformen denen des Aragonit gleichen (S. 46), aber sich von ihnen durch einen starken Diamantglanz unterscheiden, steht zum Bleiglanz oft in sehr nahen Beziehungen. Hie und da ist in der ganzen Lagermasse oder in den Klüften gar kein Bleiglanz mehr zu finden. Eine feinkörnige weiße und schwere Masse nimmt die Räume ein. Haben wir ein Probierrohr und ein wenig verdünnte

Salpetersäure zur Hand, so mögen wir ein Körnchen von jener weißen Masse in die Säure werfen. Es löst sich darin, wenn wir das Rohr ein wenig erwärmen, unter lebhaftem Aufbrausen, jene Masse ist also wirklich kohlensaures Blei. Würden wir sie an Ort und Stelle genau untersuchen können, so würden wir vielleicht hie und da würfelige Stücke bemerken, die sich leicht in mehrere Würfel zerlegen lassen. Das ist aber die Spaltbarkeit des Bleiglanzes; nichtsdestoweniger sind die Stücke ganz weiß, enthalten keine Spur mehr von einem metallischen Mineral. Das Schwefelblei hat sich vollkommen in kohlensaures Blei umgewandelt: an die Stelle des Schwefels ist Kohlensäure und Sauerstoff getreten.

Für den Bergmann ist es an und für sich ganz gleichgültig, ob er an den Lagerstätten nur Bleiglanz oder auch die ihn begleitenden Bleimineralien findet. An die einen wie an die anderen setzt er sein Werkzeug, füllt seine Karren mit dem Erz und schickt es zur Hütte, wo durch die entsprechende Anwendung von Hitze das Metall ausgeschmolzen wird. Ob es rein sei oder nicht, ist für manche Verwendungsarten des Bleies ziemlich gleichgültig. Für andere Bestimmungen dagegen, z. B. zur Bereitung von äußerlich an die menschliche Haut zu bringenden Heilmitteln, ist sorglich darauf zu achten, daß der Stoff rein, nicht etwa arsenhaltig sei.

Über die Verwendung des Bleies hat der Leser in der Chemie einiges erfahren und weiß, daß es eines der wichtigsten, für unsere Zeit unentbehrlichen Metalle ist. Denken wir an die Röhren für Leuchtgas, für

Trinkwasser, an die Metallmischung für die Lettern der Buchdruckerei, an die Bereitung der gelben und roten Bleifarben usw., so werden wir die Wichtigkeit des Metalls nicht verkennen. Der Bleiglanz ist sein wichtigstes Erz, das überdies den Stoff gab zur Entstehung der meisten andern in der Erde enthaltenen Bleiverbindungen.

90. Silberglanz. Dem Bleiglanz ähnlich, auch so kristallisiert wie er, freilich viel seltener, ist der Silberglanz. So wie jenes Schwefelblei, so ist dieses Mineral Schwefelsilber.

Begreiflicherweise ist es nur den Silbererzgängen eigen; da aber bricht es hie und da in großen Massen. Sollten wir je in Zweifel sein, ob wir es mit Silberglanz zu tun haben, so ziehen wir unser Taschenmesser hervor und versuchen mit seiner Klinge in das Mineral einzudringen. Wir können Spänchen von ihm herunterschneiden, was bei dem spröden Bleiglanz nicht gelingt. Der schwärzlichgraue, vollkommen metallisch glänzende Silberglanz ist das einzige Mineral, das sich in solchem Grade als mild erweist.

Weichgewächs, Glaserz und Spänelerz nannten die alten Bergleute den Silberglanz, um ihn von dem ähnlichen Sprödglaserz, einer antimonhaltigen Silberverbindung, zu unterscheiden.

91. Der Kupferglanz ist Schwefelkupfer. Er findet sich in der Regel nur auf Kupfererzlagerstätten. Kristalle sind leicht durch ihre ganz eigentümliche Form von den oben genannten Mineralien und von anderen Verbindungen des Kupfers mit Schwefel zu unterscheiden. Dichte schwärzliche Massen aber bedürfen

einer näheren Untersuchung; von dem äußerlich ähnlichen Silberglanz unterscheiden sie sich durch eine etwas sprödere Beschaffenheit; sie lassen sich nicht wie jener schneiden oder prägen, obwohl sie bei weitem nicht so spröde sind wie Bleiglanz.

92. Realgar und Rauschgelb. Die beiden Schwefelverbindungen des Arsens sind durch ihre Eigenschaften recht wohl ausgezeichnet.

Die eine von ihnen, Realgar genannt, in der auf 1 Gewichtsteil Arsen 1 Teil Schwefel entfällt, ist lebhaft rot und in den Erzgängen des nordöstlichen Ungarns schön kristallisiert. Vermöge ihres hohen Brechungsvermögens für Licht glänzen nicht nur die Kristallflächen, sondern auch die körnig zusammengesetzten Massen ziemlich lebhaft diamantartig, Man muß das Mineral aber vor der Einwirkung grellen Sonnenlichts schützen, wenn man es vor Zersetzung bewahren will; die rote Masse wird sonst gelblich und brüchig, und es entstehen auch kleine, weiße Körnchen, die arsenige Säure sind. Das an der Erdoberfläche so wenig existenzfähige Mineral hat sich durch Oxydation in arsenige Säure und die sogleich zu nennende zweite Schwefelverbindung des Arsens zerlegt, in welcher 3 Teile Schwefel auf 2 Gewichtsteile des Metalls zu rechnen sind.

Das Auripigment oder Rauschgelb findet sich zusammen mit dem Realgar meistens in deutlich blätterigen Anhäufungen. Die ausgezeichnete Spaltbarkeit gibt den Blättern einen eigentümlichen Perlmutterglanz, der zusammen mit der lebhaft gelben Farbe Kennzeichen genug wäre, wenn man auch den

Knoblauchgeruch und die Schwefeldämpfe nicht bemerkte, welche das Mineral in der blauen Gasflamme von sich gibt. Gemengt mit ein wenig Realgar ist das Rauschgelb an vielen Orten, besonders aber in einigen Gegenden Kleinasiens zu finden, von wo es in den Handel gebracht wird. Bei weitem nicht so gefährlich wie die arsenige Säure, gehört es doch zu den giftigen Stoffen.

93. Grauspießglanzerz. Das Grauspießglanzerz oder Antimonglanz ist die dem Auripigment entsprechende Antimonverbindung. Das dem Bleiglanz in seiner Farbe sehr ähnliche Mineral ist das eigentliche Erz zur Darstellung des Antimons und seiner als Arzneistoffe wichtigen Verbindungen. Auf Erzgängen bildet es besonders stänglichstrahlige Massen und hie und da auch schöne, oft mehrere Zentimeter lang ausgebildete Kristalle, von denen in Fig. 43 einer der einfachsten abgebildet ist. Die absichtlich recht kurz gezeichnete, an den Kristallen aber meist lang ausgebildete Säule hat beinahe rechtwinkelige Kanten; 2 von diesen können durch eine ausgezeichnete Spaltungsebene, einen wahren Metallspiegel, abgestumpft werden. Die Säule, deren Flächen durch eine Längsriefung uneben gemacht sind, wird durch Pyramidenflächen zugespitzt. In der Natur erscheinen die Kristalle in der Regel mit mehreren anderen zusammen in Hohlräumen, in den sogenannten Drusen, mit dem einen Ende auf dem Gestein aufgewachsen und nur mit dem

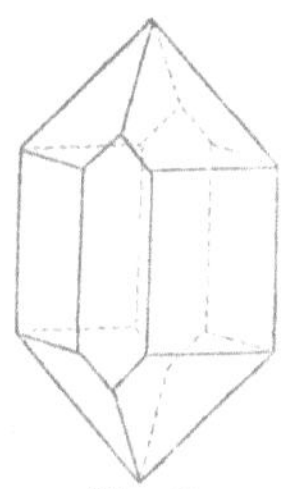

Fig. 43.

anderen frei ausgebildet. Eingewachsene Kristalle gibt es von diesem Mineral nicht, wohl aber büschelförmige Gruppen, die in der Regel aus sehr feinen Nadeln bestehen. Die Erscheinung des Buntangelaufenseins ist an ihnen nicht selten zu sehen.

An größeren Kristallen oder an festen stänglichen Massen überzeugen wir uns davon, daß das Mineral von dem Bleiglanz sich besonders dadurch unterscheidet, daß es nicht nach drei, sondern nur nach einer Richtung spaltet. Auch ist es weicher als jener; es kann bereits mit dem Fingernagel geritzt werden; ferner ist sein sp. Gewicht nur wenig über 4⁵/₁₀, während es bei dem Bleiglanz etwa 7⁵/₁₀ beträgt.

In den Erzgängen des nordöstlichen Ungarns, wo vor Jahren sehr schöne Kristalle gefunden wurden, lohnt sich die Ausbeutung kaum; an vielen andern Orten aber, wo kristallinische Massen in größerer Menge auftreten, gewinnt man das Erz, um das Metall daraus zu schmelzen. In Japan, wo die größten und schönsten Kristalle des Minerals vorkommen, werden dieselben auch als Zimmer- und Fensterschmuck benutzt.

Apatit, Alaun, Eisen- und Kupfervitriol.

Zum Schlusse haben wir noch einer Anzahl von Mineralien unsere Aufmerksamkeit zu schenken, die verschiedenen Abteilungen des Mineralreichs angehören.

94. Phosphorsäure; ihre Verbindungen im Mineralreich. Apatit ist eine Verbindung einer bestimmten Art von Phosphorsäure mit Calcium und ein wenig Fluor oder Chlor.

Der Leser kennt den Phosphor als einen der Grundstoffe und weiß, daß ein Stück gelben Phosphors, der Luft ausgesetzt, von selbst in Brand gerät und dabei einen eigentümlichen unangenehmen Geruch verbreitet. Der riechbare Stoff ist nicht der Phosphor selbst, sondern eine Verbindung desselben mit Sauerstoff, welche man phosphorige Säure nennt. Diese Verbindung enthält weniger Sauerstoff als andere, welche man unter dem Namen Phosphorsäure zusammenfaßt. Nur eine von ihnen kommt in den Mineralien vielfach vor; es ist dieselbe, welche auch in den Samen der Getreide und in den Knochen der Tiere enthalten ist. Nahrungsmittel aus Getreidesamen, also Mehlspeisen, sind zur Erzeugung der Knochen notwendig; dem Boden aber muß etwas Phosphorsäure eigen sein, damit Getreide in ihm gedeihe. In der Regel ist es nicht die Phosphorsäure, welche Kindern mit mangelhafter Knochenbildung fehlt, wohl aber das Calcium. Das führt man ihnen zu, indem man ihre Nahrung mit geschabter Kreide oder mit gepulverten Austerschalen versetzt. Die Phosphorsäure erhalten sie vielleicht nur allzureichlich im Brod und in Mehlspeisen aller Art.

Der Apatit enthält, wie wir schon oben bemerkten, Calcium und überdies Fluor oder Chlor; ein anderes ihm ganz ähnliches, aber viel schwereres Mineral, das Grünbleierz, Blei und Chlor.

Es ist möglich, daß ein Teil der in den Mineralien enthaltenen Phosphorsäure bereits mancherlei Verbindungen durchgemacht hat, z. B. sich in den längst versteinerten Knochen eines Tieres befand und erst durch deren Zersetzung der Erde wieder einverleibt worden ist. Die Zahl der phosphorsauren Verbindungen, der wasserfreien sowohl als noch mehr der wasserhaltigen, ist sehr bedeutend. Von schweren Metallen sind Blei, Kupfer und Eisen daran zumeist beteiligt. Eine der Eisenverbindungen (die sogenannte Blaueisenerde, auch Blaueisenerz genannt) entsteht noch heutzutage hie und da in der lehmigen Unterlage von Torfmooren.

95. Wir beschränken uns hier auf den Apatit, der wegen seiner weiten Verbreitung und seiner Beziehungen zu den Organismen besonders interessant ist.

Fig. 44.

Eine seiner einfachsten Kristallformen zeigt Fig. 44. Sie ist eine regelmäßige sechsseitige Säule, oben und unten mit der Grundfläche, dazwischen mit den Flächen einer Pyramide versehen. Sehr flächenreich sind mitunter die Kristalle auf den Klüften der Schiefergesteine der Alpen. In der Härte steht der Apatit zwischen dem Flußspat und dem Feldspat. Außer den vereinzelten Kristallen, die mitunter recht lebhafte Farben, Grün, Blau, Violett, Rot, Gelb, Braun, Grau usw. zeigen, gibt es auch körnige Massen von dichter bis erdiger Beschaffenheit, die in manchen jungen, aber auch in sehr alten Schichten eingeschlossen sind. Sie werden vielfach gewonnen, um fein gemahlen als Dungmittel in den Handel zu kommen. Daß der Apatit schon in sehr frühen Zeitabschnitten der Entwicklungsgeschichte der Erde entstehen konnte, lehrt seine Anwesenheit in dem Granit und in den Zinnerzlagerstätten.

Ganze Reihen von Mineralien übergehend, wenden wir uns noch einmal zu den Verbindungen der Schwefelsäure. Als wasserfreie Mineralien dieser Art betrachteten wir oben den Baryt (S. 56), den schwefelsauren Kalk (Seite 54), von den sehr zahlreichen wasserhaltigen nur den Gips (Seite 49). Dem müssen wir noch einige Mineralarten dieser Gruppe hinzufügen.

96. Alaun. Der Leser hat wahrscheinlich einmal die Bekanntschaft des Alauns gemacht und sich von der eigentümlichen, zusammenziehenden Wirkung desselben auf die Zunge überzeugt. Dieser farblose, so häufig angewendete Alaun ist eine sehr wasserreiche Verbindung der Schwefelsäure mit Aluminium und Kalium. Andere Alaune haben eine ähnliche Zusammensetzung; das Kalium kann aber durch Eisen, durch Mangan und andere Grundstoffe ersetzt sein. Ja, selbst anstatt der Schwefelsäure und des Aluminiums können andere Stoffe in die Mischung eintreten. Da nun der Chemiker das alles nach seinem Ermessen veranstaltet, und weil der Alaun sehr leicht und schön kristallisiert, überdies je nach dem Aufbau seiner Kristalle manche interessante Lichterscheinungen zeigt, ist er einer der lehrreichsten Körper.

Seine Kristallform ist der bekannte Achtflächner, in der Regel ohne die Flächen des Würfels entwickelt. Riesige Gruppen davon sah der Leser wahrscheinlich in den Schaufenstern der Drogenhandlungen.

Solch umfangreiche Kristallgebilde entstehen aus Lösungen in großen Bottichen der Fabriken. Der Stoff dazu wird aber aus der Erde genommen, mitunter aus geringwertigen Kohlenlagern. Auch ein besonderes Gestein, der Alaunstein, enthält die Stoffe des Kaliumalauns, die nach dem Glühen desselben mit Wasser ausgezogen werden können.

Der Alaun kommt in der Natur nur in geringen Mengen vor. Nur der Ammoniumalaun ist hier und da in böhmischen Braunkohlen gut entwickelt.

97. Was die Kristallisation der Alaune besonders interessant macht, das ist die Fähigkeit ihrer Kristalle, sich untereinander zu umhüllen, d. h. weiter zu wachsen, obgleich die Zusammensetzung der Lösungen geändert wird. Ein Kristall des gemeinen Kaliumalauns darf aus der Flüssigkeit, in welcher er entstand, genommen und in eine Lösung gesetzt werden, welche die Stoffe zur Bildung des Eisenalauns, des Chromalauns, des Manganalauns oder eines anderen Körpers dieser Art enthält und eben bereit dazu ist, Kristalle abzusetzen: dann umgibt sich der farblose Kristall von Kaliumalaun mit einer gleich gestalteten Hülle von dunkelvioletter oder von rosenroter Farbe, je nachdem die Lösung für den Chrom- oder für den Manganalaun war bereitet worden. Wiederholt man das mehrmals, und sägt man schließlich den endlich fertigen Kristall entzwei und macht die Schnittfläche wieder glatt, so überzeugt man sich leicht von der Anwesenheit der verschiedenfarbigen Schichten, welche als Fortbildung eines einzigen Achtflächners erscheinen. Selbstverständlich muß man hierbei alle zur Aufzucht

schöner Kristalle nötigen Vorsichtsmaßregeln anwenden (siehe S. 5 bis 9).

So hat der Alaun nicht wenig beigetragen zu unserer Kenntnis von der Entstehung der Kristalle. Wir verwundern uns nicht mehr darüber, daß wir in der Erde so interessante Kristalle von allerlei Mineralstoffen finden, da ja dort die Bedingungen zu ihrer Entstehung nicht selten in vorzüglichem Grade gegeben waren.

98. *Eisen- und Kupfervitriol. Ihre Kristalle.* Betrachten wir endlich noch zwei schwefelsaure Verbindungen, von denen vielfache Anwendung gemacht wird, deren wir auch in den vorstehenden Abschnitten bereits gedachten. Sie heißen schlechthin der grüne oder *Eisenvitriol* und der blaue oder *Kupfervitriol*.

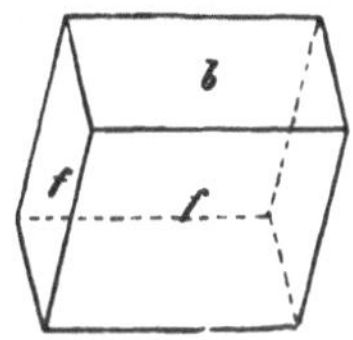

Fig. 45.

Sie haben nicht den gleichen Wassergehalt; auch sind ihre Kristalle in der Form wesentlich voneinander verschieden. Fig. 45 stellt eine der einfachsten Formen des Eisenvitriols dar. Wir verkennen nicht, daß sie eine gewisse Ähnlichkeit mit der Grundform des Calcit hat (Seite 40). Während aber bei dieser drei ganz gleiche Kanten in einer Ecke zusammenlaufen und uns veranlaßten, den Kristall auf diese Ecke zu stellen, haben wir hier am Eisenvitriol zweierlei Flächen, vier von der einen Art (in der Figur bezeichnet durch f) und zwei untereinander gleiche von der anderen Art (bezeichnet durch b). Was nun die Kanten betrifft, so sind die von den beiden f mit b gebildeten einander vollkommen gleich, aber verschieden von der Kante, in der sich beide f schneiden. Die von f, f und b gebildete Ecke ist dreikantig wie jene des Calcit; die drei Kanten sind aber keineswegs einander gleich. Wir stellen deshalb den Kristall nicht auf diese Ecke, sondern geben ihm die Lage, wie sie in Fig. 45 gezeichnet ist. Da sehen wir denn auch gleich, daß eine senkrechte Ebene, welche die Fläche b gerade so durchschneidet, daß sie den Winkel an der Kante zwischen f und f halbiert, den Kristall in zwei völlig gleiche Hälften zerlegt. Ein Kristall von Gips (Fig. 14, S. 51) würde sich ebenso durch eine senkrechte, die Kanten durchschneidende und der Tafelfläche gleichlaufende Ebene in zwei Hälften teilen lassen; in gleicher Weise auch ein Feldspatkristall (S. 79).

Auch der Kristall des Kupfervitriols (Fig. 46) besitzt sechs größer ausgebildete Flächen, die paarweise untereinander parallel sind (gleichliegen). Sie sind aber völlig voneinander verschieden, und deshalb ist jede von ihnen durch einen besondern Buchstaben bezeichnet (p, r, u). Auch sie bilden eine dreikantige Ecke. Alle drei Kanten sind aber wesentlich von einander verschieden. Wir würden uns deshalb vergeblich bemühen, den Kristall durch eine senkrechte Ebene in zwei gleiche Hälften teilen zu wollen. Er widerstrebt auf das entschiedenste einer solchen Halbierung, welche nur in dem Falle anginge, wenn p und r vollkommen gleich wären.

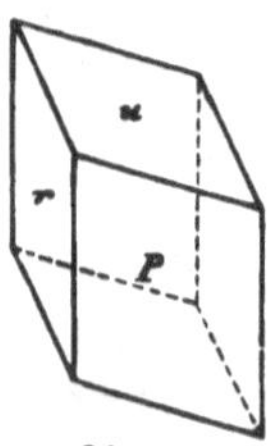

Fig. 46.

Wenn sich der Leser die zuletzt auseinandergesetzten Verhältnisse klar machte, so hat er einen sehr wesentlichen Fortschritt in der Kenntnis der Kristalle erlangt.

Die Kristalle des Eisenvitriols und des Kupfervitriols sind also, wie wir schon oben bemerkten, völlig voneinander verschieden. Der Lehrling des Kaufmanns achtet wenig darauf; er kennt die beiden Vitriole, die er den Kunden zuwägt, sehr genau an ihrer Farbe.

99. Versuche mit deren Lösungen. Wir können einen Versuch mit beiden anstellen. Der eine wie der andere Körper ist in Wasser leicht löslich. Bereiten wir uns Lösungen davon und leiten Schwefelwasserstoff in dieselben ein. In der bläulich gefärbten Lösung des Kupfervitriols entsteht alsbald ein reichlicher schwarzer Niederschlag, in der Lösung des Eisenvitriols aber ganz und gar nicht. Die müßten wir erst mit Ammoniak versetzen, damit sie durch Schwefelwasserstoff gefällt werde. Der entstehende Niederschlag wäre aber keineswegs schwarz.

Wenn wir von der Lösung des Eisenvitriols etwa einen Teil längere Zeit hindurch an der Luft stehen lassen, so scheidet sich eine pulverige Masse daraus ab, welche endlich eine rostbraune Farbe annimmt. Sie ist ihrem Wesen nach vom Brauneisenstein gar nicht verschieden. Das Eisen des Vitriols hat Sauerstoff und Wasser aufgenommen und ist in dieser Verbindung in der übriggebliebenen Schwefelsäure nicht mehr ganz löslich.

Wollen wir uns zum Schlusse noch einen schönen Anblick bereiten, so versetzen wir einen Teil der Lösung von Kupfervitriol vor der Fällung durch Schwefelwasserstoff mit Ammoniak. Es entsteht sogleich eine tiefblaue Färbung, die so stark sein kann, daß wir das Glasgefäß gegen das Licht halten müssen, um die volle Wirkung der Farbe zu empfinden (vgl. Chemie, § 59).

Damit sei denn unsere Betrachtung beendigt.

Schluß.

100. Die in diesem Elementarbuche besprochenen Mineralarten wurden nicht in einer bestimmten Reihenfolge aufgezählt. Die Wahl der einzelnen wurde lediglich dadurch entschieden, daß sie geeignet sein konnten, den Leser mit wichtigen Eigenschaften der Mineralien bekannt zu machen. Gleichwohl besteht innerhalb der Gruppen ein gewisser Zusammenhang in der stofflichen Zusammensetzung der als Träger jener Eigenschaften angeführten Mineralien.

Die Zusammensetzung aus Grundstoffen in bestimmten Verhältnissen entscheidet in der Mineralogie überhaupt die Reihenfolge der Arten, von denen bis jetzt mehr als 1000 bekannt sind. Indem wir von Mineralarten sprechen, so meinen wir nicht etwa, daß sie wie Tier- oder Pflanzenarten aufgefaßt werden sollen. Tiere einerseits, Pflanzen anderseits hängen mit einander durch ihre Verwandtschaft zusammen. Sie haben sich aus einzelnen Stammformen entwickelt. Ein solcher Zusammenhang besteht unter den Mineralien nicht.

Wo die zu ihrer Entstehung notwendigen Stoffe unter gewissen Verhältnissen der Temperatur, des Druckes, also in gewissen Tiefen der Erde und in geeigneten Räumlichkeiten, zusammentrafen, da entstanden die Mineralien, so wie sie aus Lösungen vor unseren Augen, also unter dem einfachen Druck der Atmosphäre in einer von uns willkürlich erzeugten Wärme sich bilden müssen. Eine andere Reihen- und Zeitfolge gibt es unter ihnen nicht. Es kann also dasselbe Mineral mit denselben Eigenschaften in den verschiedensten Zeitabschnitten der Erdgeschichte entstanden sein, wenn nur die Bedingungen zu seiner Existenz gegeben waren. Gewiß ist aus jedem Tröpfchen von gelöstem Chlorbaryum schwefelsaures Baryum gefällt worden, sobald ein Tröpfchen von einer Flüssigkeit, in welcher Schwefelsäure enthalten war, sich mit jenem mischte. Von der Zeit und anderweitigen Umständen ist dieser Vorgang ganz unabhängig. Ebenso mußte Bleiglanz entstehen, wenn die Lösung eines Bleisalzes mit Schwefelwasserstoff in Berührung kam. Wenn etwas später derselbe Bleiglanz durch Kohlensäure in kohlensaures Blei übergeführt wurde, so liegt dem nicht etwa ein gewisser Stammeszusammenhang zugrunde, sondern einfach die Notwendigkeit der Wirkung der Stoffe aufeinander.

Mineralien dürfen also keineswegs wie Organismen betrachtet werden. Es kann bezüglich ihrer von einem Zusammenhange einzelner Arten und einer bestimmten Zeitfolge ihrer Entstehung nicht die Rede sein. Es fragt sich sogar, ob wir richtig sagen: M i n e r a l a r t. Sicherlich ist dieses Wort nicht in dem Sinne zu nehmen, in welchem wir von Tier- oder Pflanzenarten sprechen. Ganz sinnlos wäre es, wenn man heutzutage an Mineralsippen oder -Geschlechter denken wollte, wie solche im Tier- und im Pflanzenreiche unterschieden werden. Auch Familien oder Ordnungen kann es nicht geben. Die Mineralogie kennt nur die Grundsätze der Chemie.

Darüber war man schon vor 80 Jahren einig. Nichtsdestoweniger gehört die richtige Verbindung zwischen Mineralogie und Chemie der neueren Zeit an. Noch der große schwedische Chemiker Berzelius meinte anfangs, die Mineralien nach ihren metallischen Grundstoffen gruppieren zu dürfen, also diejenigen Mineralien miteinander zu verknüpfen, welche Silber, Kupfer, Blei und dgl. Metalle enthalten. Später aber fand er selbst, daß jene Grundstoffe in den Verbindungen einander vertreten können, ohne daß sich alle Eigenschaften der betreffenden Mineralien ändern. Als der richtige Verband der Mineralien aber wurde erkannt, daß sie jene Stoffe miteinander gemein haben, die wir insgemein als Säuren bezeichnen, oder aber, daß sie Verbindungen der Metalle mit Sauerstoff, mit Chlor oder Fluor, mit Schwefel usw. sind. Nur so lassen sich ihre wesentlichen Eigenschaften miteinander in richtige Beziehungen bringen.

Die wichtigste Eigenschaft aber ist ihre Kristallform. Die Mineralien, die z. B. wasserfreie Verbindungen der Kohlensäure, der Schwefelsäure, der Phosphorsäure sind, lassen sich untereinander in Zusammenhang bringen, wenn ihre Mischungsverhältnisse die gleichen sind. Wenn z. B. in einem Mineral

1 Gewichtsteil Kohlenstoff und 3 Gewichtsteile Sauerstoff mit 1 Gewichtsteil Calcium, in einem anderen Mineral dieselben mit 1 Gewichtsteil Magnesium oder Eisen oder Zink verbunden sind, so zeigt schon die Betrachtung der Formen, daß diese Mineralien in einem gesetzmäßigen Verbande stehen. Sie sind „gleichgestaltig" oder „isomorph", nur der Winkel ihrer Kanten ist nicht völlig der gleiche. So ist der Winkel der Kante, deren drei gleiche in einer Ecke zusammenlaufen, in dem Mineral, das aus Magnesium und Kohlensäure besteht, ein klein wenig größer, als in dem, welches statt des Magnesiums nur Calcium enthält, noch etwas größer in einem dritten, in dessen Mischung nur Eisen zu finden ist, wieder größer in einem vierten, das anstatt des Eisens Zink enthält usw. Also die Gleichgestaltigkeit (Isomorphie) ist es, welche gleichartig zusammengesetzte Mineralien miteinander in Zusammenhang zu bringen erlaubt.

Derart gesetzmäßig gegliederte Mineralgruppen gibt es nicht allzu viele. Eine große Zahl fügt sich nicht so einfachen Grundsätzen. Nichtsdestoweniger halten wir an diesen Grundsätzen fest, indem nur sie es möglich machen, daß wir Mineralien beurteilen und zu jenen weit zahlreicheren Körpern in Beziehung setzen, die nicht in der Erde, sondern nur in den Gefäßen der Laboratorien entstanden sind.

Erst durch eingehende Studien der Chemie, der Physik und Mathematik wird der Leser in den Stand kommen, Mineralien genauer zu verstehen. Wir wollten in diesem Bändchen lediglich auf die Grundlagen der Mineralogie hinweisen, auf die Beziehung der Mineralien zu den Felsarten der Erde, zu deren stofflichen Verhältnissen überhaupt und zu den Resten der Organismen, die einst das Land bedeckten und in den Gewässern lebten. Wir wollten den Leser dazu anleiten, daß er Mineralien beobachte, im Beobachten Freude darüber empfinde, etwas von jenen zu wissen, mit einem Worte, ihn aufmuntern zu künftigen Studien in der Mineralogie.

Anhang.

Der Leser wurde an mehreren Stellen in diesem Elementarbuche dazu aufgefordert, daß er womöglich bisweilen ein mineralogisches Museum besuche oder wenigstens eine wohleingerichtete Mineraliensammlung sich zugänglich mache. Nur durch sorgfältige Betrachtung der da zusammengestellten Reihen von Mineralien wird er in den Stand kommen, völlig zu verstehen, wozu ihm die Elemente in diesem Buche geboten werden sollten.

Einige Mineralien aber wird er sich zu seinem Handgebrauche käuflich verschaffen müssen.

In einer Materialwarenhandlung kaufe er sich die in der Einleitung besprochenen Zuckerarten: 1. die nötige Menge von gewöhnlichem Rohrzucker; 2. einige Stücke von Gerstenzucker; 3. einige Kristalle von Kandiszucker; 4. einige Kristalle oder Kristallgruppen von Kupfervitriol und von Eisenvitriol (S. 153); 5. etwas Schwefel in Form von Schwefelblumen (S. 133 u. 9); 6. einige Kristalle oder Kristallgruppen von gemeinem Alaun. (Zu etwaiger Arbeit mit diesem Stoffe wird er allerdings den Rat und die Mithülfe eines Chemikers in Anspruch nehmen müssen.)

Von Mineralien verschaffe er sich durch Vermittlung irgendeiner Mineralienniederlage, wie solche in allen größeren Städten existieren: 1. einen oder mehrere große Spaltungswürfel von Steinsalz; 2. ein Stück von wasserhellem isländischen Doppelspat, nicht unter 2 Zentimeter groß; 3. ein größeres Spaltungsstück von gemeinem Kalkspat, das keineswegs durchsichtig zu sein braucht; 4. einen größeren, aber keineswegs kostbaren Kristall von Flußspat; 5. einen größeren Kristall oder eine Spaltungsplatte von Gips; 6. eine 1 bis 2 Millimeter dicke Platte von Glimmer; 7. einen tafelförmigen Kristall von Baryt zur Beobachtung der Spaltungsrichtungen; 8. Spaltungsstücke von grobkörnigem schwefelsaurem Kalk (Anhydrit); 9. ein Stück Halbopal; 10. größere Kristallstücke von Zinkblende und Bleiglanz zu Spaltungsversuchen; 11. körnigen Bleiglanz; 12. Kristalle von Eisenkies.

Nehmen wir hinzu noch etwa ein nicht kostbares Stückchen von Silberglanz (Argentit), zur Prüfung seiner milden Eigenschaft, so hätten wir die wesentlichsten Mineralien angeführt, in deren Besitz sich der Leser zu seinem Handgebrauche setzen soll. Die etwaige Anlage einer kleinen Mineraliensammlung sei dem Zufalle und persönlichen Beziehungen anheimgestellt.

Außer einer Messerklinge aus gutem Stahl bedarf der Leser eines Meißels mit guter Schneide, eines kleinen Hammers, der nicht gerade die Form eines geologischen Hammers haben muß, und eines etwas schwereren Schlagwerkzeugs, als welches die verschiedensten Hausgeräte benützt werden können. Im übrigen genügt die im Elementarbuche über Chemie (am Schluß) geforderte Ausrüstung.

Alphabetisches Verzeichnis.

Die Ziffern bedeuten die Seitenzahlen.

FSC
www.fsc.org
MIX
Papier | Fördert gute Waldnutzung
FSC® C083411

Zeitfracht Medien GmbH
Ferdinand-Jühlke-Straße 7
99095 Erfurt, Deutschland
produktsicherheit@kolibri360.de